COURS

DE

MATHÉMATIQUES

ÉLÉMENTAIRES.

COURS

DE

MATHÉMATIQUES

ÉLÉMENTAIRES,

PAR

L'abbé BLATAIROU,

Chanoine honoraire, Doyen de la Faculté de Théologie et ancien Professeur de Mathématiques et de Physique au Grand-Séminaire de Bordeaux; Membre de l'Académie des Sciences, Belles-Lettres et Arts, et de la Société Linéenne de la même ville, etc.

3e PARTIE. — GÉOMÉTRIE.

BORDEAUX,

CHEZ P. DUCOT, LIBRAIRE DE L'ARCHEVÊCHÉ,

Fossés des Carmes, 15, à côté du Lycée.

1852

Bordeaux. — Imprimerie de G.-M. DE MOULINS, rue Montméjan, 7.

COURS

DE

MATHÉMATIQUES

ÉLÉMENTAIRES.

TROISIÈME PARTIE. — GÉOMÉTRIE.

CHAPITRE PREMIER.

NOTIONS PRÉLIMINAIRES.

1. On appelle *volume* d'un corps l'espace que ce corps occupe.

Tout volume a nécessairement trois dimensions : *longueur, largeur* et *épaisseur* ou *profondeur,* et ces choses sont inséparables; cependant on peut considérer ces différentes choses prises à part ou réunies, et l'on a alors les idées de *ligne,* de *surface,* de *volume* ou *solide.* On peut même pousser l'abstraction plus loin, et, en ne considérant dans la ligne que ses extrémités ou les limites par lesquelles les différentes parties sont séparées les unes des autres, on se forme l'idée de ce que l'on appelle *point.*

2. Le *point* n'a aucune étendue : cela résulte de l'idée que nous venons d'en donner.

3. La *ligne* est l'étendue en longueur seulement. La ligne est *droite, brisée* ou *courbe.*

La ligne *droite* est celle dans laquelle tous les points se suivent dans une même direction. On la définit ordinairement *le plus court chemin entre deux points donnés.* — Exemple : AB (*fig.* 1). Il résulte de cette définition qu'on ne peut mener qu'une seule droite d'un point à un autre.

La ligne *brisée* est composée de lignes droites qui se succèdent dans des directions différentes. — Exemple : ABCDE (*fig.* 2).

La ligne *courbe* est celle qui n'est ni droite, ni composée de lignes droites. — Exemple : AB (*fig.* 3).

4. La *surface* est l'étendue en longueur et largeur. Parmi les différentes surfaces on distingue la *surface plane*, la *surface brisée* et la *surface courbe*.

On peut avoir une idée de ce qu'on appelle *surface plane* ou *plan*, en considérant la surface d'un miroir ordinaire, ou celle que présente une masse d'eau en repos dans un vase : on définit le plan *une surface avec laquelle on peut faire coïncider une ligne droite dans tous les sens.*

La surface *brisée* est celle qui est composée de plusieurs parties qui sont chacune des surfaces planes, mais dont l'ensemble ne forme pas une seule surface plane.

La surface *courbe* est celle qui n'est ni plane ni brisée, par exemple, la surface que présente une boule de billard.

5. Le *volume* ou *solide*, nous l'avons déjà dit, est l'étendue en longueur, largeur et profondeur.

6. Parmi les différentes lignes courbes, il en est une qui mérite surtout d'attirer notre attention, c'est la *circonférence*. La figure 4 en donne une idée. On la définit *une ligne dont tous les points sont dans un même plan et tous à égales distances d'un point* C, *qu'on appelle centre*. Toute ligne droite, telle que CD, qui, partant du centre, va en un point de la circonférence, s'appelle *rayon*. Et toute ligne droite, telle que AB, qui va d'un point de la circonférence à un autre en passant par le centre, s'appelle *diamètre*. On appelle *arc* une portion quelconque de la circonférence. Le *cercle* est l'espace renfermé dans la circonférence.

7. Il suit de la définition de la circonférence que, pour une même circonférence, *tous les rayons sont égaux*, et que *tous les diamètres aussi sont égaux*, puisqu'ils sont composés de deux rayons.

8. *La Géométrie* est cette partie des Mathématiques qui a pour objet l'étendue; elle fait connaître les propriétés des lignes, des surfaces, des volumes, apprend à les mesurer, et fournit sur ces objets une multitude de connaissances très-utiles pour les arts et les sciences. C'est la Géométrie qui va faire l'objet de ce Traité. La méthode semblerait exiger que nous traitassions d'abord des lignes,

puis des surfaces, et enfin des volumes ou solides. Nous nous rapprocherons autant que nous le pourrons de cet ordre; mais la nature des démonstrations que nous serons forcés d'employer nous obligera de nous en écarter quelquefois; nous tâcherons au moins de faire remarquer la liaison qui existe entre les différentes questions que nous aurons à traiter.

CHAPITRE II.

MESURE DES DISTANCES. — DIFFÉRENTES POSITIONS QUE LES LIGNES DROITES PEUVENT AVOIR LES UNES PAR RAPPORT AUX AUTRES. — NOTIONS SUR LES ANGLES. — PROPRIÉTÉ DES PERPENDICULAIRES ET DES OBLIQUES.

9. C'est la nécessité de résoudre certaines questions ou problèmes qui a donné naissance à toutes les sciences; nous allons donc nous proposer deux des premiers problèmes qui ont dû se présenter aux hommes, et ils nous fourniront l'occasion d'acquérir nos premières connaissances en Géométrie.

Premier Problème.

10. — Mesurer la longueur d'une ligne droite donnée AB (*fig.* 5).

Solution. — Observons qu'en général, mesurer une quantité c'est chercher combien de fois elle contient une quantité de même espèce que l'on prend pour unité. Cela posé, mesurer la ligne droite AB, ce sera chercher combien de fois elle contient une autre ligne CD, prise pour unité. Il est facile de voir que, pour y parvenir, il faut porter CD successivement sur AB autant de fois que possible, en allant de A vers B, par exemple. Si, dans cette opération, on trouve que CD est contenu un nombre entier de fois, six fois, par exemple, dans AB, dès-lors la ligne AB sera exactement mesurée par CD, et son expression sera un nombre entier. Mais si, après avoir porté CD de A en B un certain nombre de fois, on trouvait un reste EB plus petit que CD, dès-lors il faudrait tâcher de partager l'unité CD en parties égales, de manière qu'une de ses parties fût contenue exactement dans EB. Supposons qu'on ait partagé CD en cinq parties égales, par exemple, et qu'une de ces divisions soit contenue deux fois dans EB, dès-lors nous dirons que AB vaut 3 unités CD et $\frac{2}{5}$ d'unité.

11. *Nota* 1°. — Le procédé que nous venons d'indiquer semble exiger que l'on sache partager une ligne donnée en un certain nombre de parties égales, ce que nous ne savons pas encore faire; mais, dans la pratique, ces divisions sont ordinairement faites sur les mesures dont on se sert. Ainsi, par exemple, le mètre est divisé en décimètres, le décimètre en centimètres, le centimètre l'est quelquefois en millimètres, de sorte que si, après avoir mesuré une ligne avec un mètre, on trouve qu'elle contient un certain nombre de fois cette unité, plus une partie plus petite que le mètre, on mesure cette partie avec le décimètre; et, s'il reste encore une partie plus petite qu'un décimètre, on la mesure avec un centimètre, et ainsi de suite.

12. *Nota* 2°. Le problème proposé peut être résolu d'une autre manière; et voici le procédé que l'on trouve dans tous les Traités de Géométrie. Pour mesurer AB avec CD (*fig.* 6), portons CD sur AB, et supposons que CD soit contenu trois fois dans AB avec un reste EB, nous aurons

$$(x) \qquad AB = 3CD + EB.$$

Portons ensuite EB sur CD : en supposant que EB soit contenu quatre fois dans CD avec un reste FD, nous aurons

$$(y) \qquad CD = 4EB + FD.$$

Portons encore FD sur EB, et supposons qu'il y soit contenu une fois avec un reste GB, nous aurons

$$(z) \qquad EB = FD + GB.$$

Enfin, supposons qu'en portant GB sur FD, nous trouvions qu'il y est contenu trois fois exactement, nous aurons

$$(t) \qquad FD = 3GB.$$

Cela posé, en mettant cette valeur de FD dans l'équation (z), nous aurons

$$EB = 3GB + GB = 4GB.$$

Cette valeur de EB étant mise dans l'équation (y), aussi bien que la valeur de FD, nous aurons

$$CD = 16GB + 3GB = 19GB.$$

Enfin, les valeurs de CD et de EB étant mises dans l'équation (x), nous aurons $AB = 57GB + 4GB = 61GB$.

Ainsi, en dernier résultat,

$$CD = 19GB \quad \text{et} \quad AB = 61GB.$$

Ainsi la dix-neuvième partie de CD est contenue 61 fois dans AB, et, par conséquent, AB vaut $\frac{61}{19}$ de CD, ou bien 3 fois CD plus $\frac{4}{19}$ de CD.

13. *Nota* 3°. — Le procédé que nous venons d'exposer, et qu'il est facile d'appliquer à un cas quelconque, donnera exactement la valeur de la ligne à mesurer, toutes les fois que l'on parviendra (comme nous avons supposé que cela arrive dans l'exemple précédent) à un reste contenu un nombre entier de fois exactement dans le reste qui précède. Mais on conçoit qu'il pourrait arriver que, rigoureusement parlant, on ne parvînt jamais à un reste contenu ainsi un nombre entier de fois dans le reste précédent; dans ce cas la ligne AB ne pourrait pas se mesurer exactement avec CD, ou, en d'autres termes, on ne pourrait pas trouver une autre ligne qui fût renfermée exactement un certain nombre de fois en même temps dans AB et dans CD; ce qu'on exprime en disant que AB et CD n'ont pas de commune mesure, ou sont *incommensurables*.

14. *Nota* 4°. — Le problème précédemment résolu est ordinairement énoncé comme il suit : *Deux lignes étant données, trouver leur commune mesure.* On voit bien, en effet, que la ligne trouvée GB mesure exactement à la fois les deux lignes données AB et CD.

15. *Nota* 5°. — Le procédé donné pour résoudre le même problème sert encore à résoudre le suivant : *Trouver la distance de deux points donnés, toutes les fois qu'on peut tirer une ligne droite entre ces deux points.*

DEUXIÈME PROBLÈME.

16. Mesurer la plus courte distance d'un point C à une droite AB (*fig.* 7).

Solution. — Pour résoudre ce problème, il est évident qu'il faut faire deux choses : 1° tirer du point C sur AB la plus courte ligne possible; 2° mesurer cette ligne. Nous venons d'apprendre à faire la seconde de ces deux choses; quant à la première, l'examen de la question de savoir quelle est la plus courte ligne que l'on puisse tirer de C sur AB nous porte à rechercher les diverses positions que peut avoir par rapport à AB une ligne qui passe par le point C.

Or il est facile de voir qu'une ligne qui passe par le point C peut, comme MN, être partout à la même distance de AB, ou bien, comme CD, tomber sur AB sans pencher ni d'un côté ni de l'autre, ou bien enfin, comme CF, pencher plus d'un côté que de l'autre. Dans le premier cas, la ligne est dite *parallèle* à AB; dans le second cas, elle est dite *perpendiculaire*, et dans le troisième cas, elle est dite *oblique* sur AB. Il est clair que ce n'est pas la parallèle qui nous donnera la plus courte distance de C à AB. Reste donc à chercher la plus courte distance parmi la perpendiculaire ou les obliques; mais avant de procéder à cette recherche, nous avons besoin de fixer le sens de certains mots dont nous aurons l'occasion fréquente de nous servir.

17. Quand deux lignes droites AB, AC (*fig.* 8), se rencontrent, on dit qu'elles forment un *angle*. L'angle formé par ces deux lignes est proprement *l'inclinaison d'une de ces lignes sur l'autre;* sa grandeur ne dépend pas du tout de la longueur des lignes AB, AC, mais de leur position respective : si l'on suppose la ligne AC couchée d'abord sur AB et tournant autour du point A pour venir à la position AC, l'angle ira en augmentant à mesure que AC continuera de tourner.

Les deux lignes qui forment l'angle s'appellent les *côtés* de l'angle, le point où elles se rencontrent s'appelle le *sommet*.

Pour désigner un angle, on emploie ordinairement trois lettres dont on place l'une sur chaque côté et l'autre au sommet, et la lettre du sommet se met au milieu; ainsi on dit : l'angle BAC ou CAB. Quand un point sert de sommet à un angle seulement, on se contente ordinairement d'énoncer la lettre du sommet; ainsi l'on dit l'angle M (*fig.* 9). Dans ce cas, aussi bien que dans le cas précédent, lorsqu'il ne peut pas y avoir d'amphibologie, on désigne quelquefois l'angle en mettant une lettre dans l'ouverture; ainsi l'on dit, par exemple, l'angle x (*fig.* 8 et 9), et quelquefois, pour plus de clarté, on réunit les deux côtés de l'angle par un arc de cercle comme le représente la figure 9.

18. Quand une ligne CM est perpendiculaire sur une autre AB (*fig.* 10), c'est-à-dire, ne penche ni d'un côté ni de l'autre, les deux angles qu'elle forme avec AB sont égaux et on les appelle *droits;* un angle plus petit qu'un droit est dit *aigu*, par exemple l'angle x (*fig.* 8); et un angle plus grand qu'un droit est dit *obtus*, par exemple l'angle y.

19. On appelle *angles de suite*, deux angles, tels que x et y (*fig.* 8), formés par une ligne AC tombant sur BD d'un même côté de cette

ligne BD. Et quand deux lignes BD, CF se coupent, on appelle angles *opposés par le sommet* ceux, tels que x et z, qui sont formés par le prolongement des mêmes lignes, et qui ont leurs ouvertures tournées en sens inverse.

Ces définitions bien comprises, nous allons établir sur les angles quelques propositions du plus grand usage.

PREMIÈRE PROPOSITION.

20. — Tous les angles droits sont égaux.

Démonstration. — La vérité de cette proposition est une conséquence évidente de la définition même de l'angle droit tant qu'il ne s'agit que de deux angles formés par une même perpendiculaire sur une ligne donnée ; mais nous disons qu'elle est encore vraie de tous les autres angles droits, qu'ainsi, par exemple, les angles droits XYT, ZYT, de la figure 11, sont égaux aux angles droits de la figure 10. En effet, pour le prouver, portons la figure 11 sur la figure 10, de manière que le point Y soit sur le point M, et que la direction de XZ se confonde avec celle de AB. Puisque YT est perpendiculaire sur XZ, qui se confond maintenant avec AB, il faudra que YT s'élève sur AB de manière à faire avec AB deux angles égaux, et, par conséquent, il faudra que YT se confonde avec MC qui fait déjà avec AB deux angles égaux; ainsi les deux figures seront superposées l'une à l'autre dans toutes leurs parties, et par conséquent les angles droits de l'une seront égaux aux angles droits de l'autre.

21. *Corollaire.* — Il suit de cette proposition que, *par un point pris sur une ligne, on ne peut élever qu'une seule perpendiculaire sur cette ligne.*

DEUXIÈME PROPOSITION.

22. — La somme de deux angles de suite est égale à deux angles droits.

Démonstration. — Soient les deux angles de suite BCD, ACD (*fig.* 12), en élevant la perpendiculaire CF, nous aurons

$$\mathrm{BCD} + \mathrm{DCF} = \mathrm{BCF}, \text{ et } \mathrm{ACD} - \mathrm{DCF} = \mathrm{ACF}.$$

En ajoutant les deux équations membre à membre, nous trouverons

$$\mathrm{BCD} + \mathrm{ACD} = \mathrm{BCF} + \mathrm{ACF}.$$

Le premier membre de cette dernière équation renferme les deux angles de suite BCD, ACD, le second renferme deux angles droits; donc la somme de deux angles de suite est égale à deux angles droits.

23. *Nota.* — On prouverait de même que la somme de tous les angles que l'on peut former d'un même côté d'une ligne droite, et qui ont leur sommet au même point de cette ligne, vaut deux angles droits; et que la somme de tous ceux que l'on peut former autour d'un point par des lignes droites qui, partant de ce point, se dirigent dans des sens différents, vaut en tout quatre angles droits.

TROISIÈME PROPOSITION.

24. Les angles opposés au sommet sont égaux.

Démonstration. — Soient x et z (*fig.* 8), deux angles opposés par le sommet : puisque x et y sont deux angles de suite, et que z et y sont aussi deux angles de suite, nous avons, d'après la proposition précédente,

$$x + y = 2 \text{ angles droits, et } z + y = 2 \text{ angles droits;}$$

donc

$$x + y = z + y,$$

et, en retranchant de chaque membre l'angle y, nous avons

$$x = z$$

ce qu'il fallait démontrer.

25. *Corollaire.* — Il suit de là : 1° que *si une ligne* CM (*fig.* 13) *est perpendiculaire sur* AB, *et qu'on la prolonge de l'autre côté, son prolongement* MD *sera aussi perpendiculaire sur* AB, car les deux angles z et t étant opposés par le sommet aux angles x et y seront droits, puisque x et y sont droits; 2° *que si* CD *est perpendiculaire sur* AB, *réciproquement* AB *sera perpendiculaire sur* CD, puisqu'alors les quatre angles x, y, z, t, seront droits.

Revenons maintenant aux perpendiculaires et aux obliques, il sera facile avec un peu d'attention d'établir les propositions suivantes.

PREMIÈRE PROPOSITION.

26. Si d'un point D (*fig.* 14), pris sur une ligne CD perpendiculaire à AB, on tire deux obliques qui s'écartent également du pied C de la perpendiculaire, ces obliques seront égales.

Démonstration. — En effet, si l'on suppose la figure repliée de manière que le pli soit sur CD, puisque l'angle x est égal à l'angle y, la ligne CB s'appliquera sur CA; et puisque CN égale CM, le point N tombera sur le point M, les deux lignes DN et DM auront leurs extrémités aux mêmes points, et, par conséquent, elles coïncideront dans toute leur étendue et seront égales.

DEUXIÈME PROPOSITION.

27. De deux obliques DM, DN (*fig.* 15), qui partent d'un même point D de la ligne DC perpendiculaire à AB, et qui s'écartent inégalement de son pied C, celle qui s'en écarte le plus est la plus longue.

Démonstration. — Pour le prouver, prolongeons la ligne DC d'une quantité CF égale à DC, et tirons les lignes MF, NF. D'après la proposition précédente, les deux lignes MD, MF, seront égales, puisque AB étant perpendicnlaire sur DF (17.), ce sont deux obliques qui partent d'un même point pris sur AB, et s'éloignent également du pied C de la perpendiculaire : par la même raison, les deux lignes ND, NF, seront égales. Cela posé, si nous prolongeons la ligne MF jusqu'en R, et si nous rappelons que la ligne droite est le plus court chemin entre deux points donnés, nous aurons (a)

$$DM < DR + RM, \qquad RM + MF < RN + NF;$$

et, en ajoutant ces deux inégalités membre à membre, nous aurons

$$DM + RM + MF < DR + RM + RN + NF;$$

ou bien, en retranchant RM de part et d'autre, et en remarquant que DR + RN est égal à DN,

$$DM + MF < DN + NF;$$

et comme DM = MF et DN = NF, on aura, la moitié du premier membre, c'est-à-dire DM, plus petit que la moitié du second membre, c'est-à-dire DN, ou

$$DM < DN,$$

ce qu'il fallait prouver.

28. *Nota.* — Cette démonstration renferme la preuve de cette proposition, que l'on énonce quelquefois séparément : *Si dans l'intérieur d'un triangle* DNF (*fig.* 16), *on prend un point quelconque* M, *et qu'on tire les deux lignes* MF, MD, *la somme de ces deux lignes sera plus courte que la somme des deux lignes* DN + NF.

(a) Nous avons déjà vu dans l'Algèbre qu'on emploie les signes $<$ et $>$ pour exprimer *plus petit que* et *plus grand que*.

TROISIÈME PROPOSITION (*réciproque des deux précédentes*).

29. — Les réciproques des deux propositions précédentes sont vraies, c'est-à-dire que : — 1° Si deux obliques, partant d'un même point de la perpendiculaire, sont égales, elles s'écartent également de son pied, et — 2° si elles sont inégales, celle qui est la plus longue s'en écarte davantage.

Démonstration. — En effet : — 1° Pour que deux obliques égales, partant d'un même point de la perpendiculaire, s'écartassent inégalement de son pied, il faudrait qu'elles fussent inégales (27.), ce qui est contre l'hypothèse, — et 2° pour que de deux obliques inégales, partant d'un même point de la perpendiculaire, celle qui est la plus longue ne s'écartât pas plus que l'autre du pied de la perpendiculaire, il faudrait, ou bien qu'elle s'en écartât autant, ou bien qu'elle s'en écartât moins. Or, dans le premier cas, elle devrait être égale à l'autre (26.) et, dans le second cas, elle devrait être plus courte (27.), ce qui est également contre l'hypothèse : donc elle devra s'en écarter davantage.

30. *Corollaire.* — Il suit de là, que *par un point* D, *pris hors d'une ligne* AB (*fig.* 14), *on ne peut tirer sur* AB *que deux lignes qui soient égales;* car, si par ce même point D on tirait une perpendiclaire sur AB, on ne pourrait tirer que deux obliques à AB qui s'écartassent également du pied de la perpendiculaire, et qui, par conséquent, fussent égales.

QUATRIÈME PROPOSITION.

31. — Si d'un point D, pris hors d'une ligne AB (*fig.* 15), l'on tire sur AB une perpendiculaire DC et une oblique DM, la perpendiculaire sera toujours plus courte que l'oblique.

Démonstration. — On pourrait déjà le conclure de ce que l'oblique est d'autant plus courte qu'elle se rapproche davantage de la perpendiculaire, mais on ne peut le démontrer directement au moyen de la figure 15. En effet, si on se rappelle la construction que nous avons indiquée précédemment (27.), on a DF plus petit que DM + MF, donc la moitié de DF plus petit que la moitié de DM + MF, c'est-à-dire, DC plus petit que DM.

CINQUIÈME PROPOSITION.

32. — Par un point C, pris hors d'une ligne AB (*fig.* 17), on ne peut tirer qu'une seule perpendiculaire à cette ligne.

Démonstration. — Supposons en effet qu'on puisse en tirer deux,

CM, CR; alors en tirant deux obliques égales CD, CE, elles devraient s'écarter également du pied des perpendiculaires (26); ainsi, les points D et E devraient être en même temps à égales distances du point M et du point R, ce qui est évidemment impossible.

33. *Corollaire.* — Il suit de là que, *si par deux points* M *et* R, *pris sur une ligne droite* (*fig.* 18), *on élève deux perpendiculaires, elles ne pourront jamais se rencontrer;* car, si elles se rencontraient, on pourrait du point de rencontre abaisser deux perpendiculaires sur AB, ce qui est contre la proposition précédente.

34. *Nota.* — Les deux dernières propositions que nous venons d'établir résolvent la difficulté qui s'est élevée dans le nº 16. Ainsi, *la ligne à tirer pour mesurer la plus courte distance du point* C *à la ligne* AB (*fig.* 7) *est une perpendiculaire à* AB. Nous allons chercher un moyen d'exécuter cette opération, mais il faut auparavant établir encore la proposition suivante.

SIXIÈME PROPOSITION.

35. — Si, sur le milieu C d'une ligne AB (*fig.* 19), on tire une perpendiculaire à cette ligne : — 1º chaque point de cette perpendiculaire sera à égale distance des deux extrémités A et B ; — 2º tout point H, pris à droite ou à gauche de la perpendiculaire, sera plus près d'une des extrémités que de l'autre.

Démonstration. — La première partie de la proposition est bien facile à démontrer, car, si par un point quelconque F, par exemple, on tirait deux obliques aux extrémités A et B, ces obliques s'écarteraient également de la perpendiculaire et seraient par conséquent égales (18.), donc le point F est également éloigné de A et de B.

Pour démontrer la seconde partie, par le point H tirons HA, HB, et tirons aussi la ligne GB, nous aurons

$$HB < HG + GB;$$

mais $GB = GA$, comme obliques qui s'écartent également du pied de la perpendiculaire, donc on a

$$HB < HG + GA, \text{ ou } HB < HA;$$

donc le point H est plus près de B que de A, ce qu'il fallait démontrer.

36. *Corollaire.* — *Donc la direction de la perpendiculaire élevée sur le milieu d'une ligne* AB *passe par tous les points qui sont à égales distances des extrémités* A *et* B; et, comme deux points suffisent

pour déterminer la position d'une ligne droite (3.), *il suffira de savoir qu'une ligne passe par deux points à égale distance de* A *et de* B, *pour pouvoir affirmer qu'elle passe par tous les autres points également distants de* A *et de* B, *et qu'elle est perpendiculaire sur le milieu de* AB.

Tout ce qui précède étant bien compris, il sera facile de résoudre les problèmes relatifs à la construction des perpendiculaires.

PREMIER PROBLÈME.

37. — Tirer une perpendiculaire sur le milieu d'une ligne AB (*fig.* 20).

Solution. — D'après le corollaire précédent (36.), la solution revient à trouver deux points à égales distances de A et de B. Pour cela, prenons une ouverture de compas plus grande que la moitié de AB, et, portant une des pointes de ce compas successivement sur A et sur B, traçons avec l'autre extrémité deux arcs MN, ST; le point C, où ces arcs se coupent, sera à égale distance de A et de B. Déterminons de la même manière un autre point D, et la ligne qui joindra les deux points C et D sera la perpendiculaire demandée, puisqu'elle passe par les deux points C et D également distants des extrémités A et B.

38. *Nota.* — Le même procédé sert à partager une ligne en deux parties égales.

DEUXIÈME PROBLÈME.

39. — Par un point M, pris sur une ligne AB, tirer une perpendiculaire à AB (*fig.* 21).

Solution. — Pour cela, prenons sur AB, avec un compas, deux points S et T à égales distances du point M, le problème sera ramené à élever une perpendiculaire sur le milieu de ST, ce qui revient au problème précédent.

TROISIÈME PROBLÈME.

40. — Élever une perpendiculaire sur l'extrémité B d'une ligne AB (*fig.* 22).

Solution. — Pour cela, prolongeons AB d'une certaine quantité BC, et le problème sera ramené à élever une perpendiculaire à une ligne BC par un point B pris sur cette ligne, ce qui est le problème précédent.

QUATRIÈME PROBLÈME.

41. — Par un point C pris hors d'une ligne AB, tirer une perpendiculaire sur cette ligne (*fig.* 23).

Solution. — Pour cela, par le point C, et avec une ouverture de compas suffisante, traçons deux arcs qui coupent AB en deux points S et T; le point C sera à égales distances de S et de T; le problème sera alors ramené à élever une perpendiculaire sur le milieu de ST, car cette perpendiculaire devra passer par le point C, d'après la proposition du n° 35.

42. Nous savons donc maintenant, par un point pris hors d'une ligne, tirer une perpendiculaire sur cette ligne, et nous pouvons par conséquent formuler comme il suit le procédé pour résoudre le problème proposé n° 16 : *Pour mesurer la plus courte distance d'un point à une ligne, tirez de ce point une perpendiculaire sur cette ligne, puis mesurez cette perpendiculaire.*

CHAPITRE III.

DES PARALLÈLES.

43. Après avoir établi les propriétés des perpendiculaires et des obliques, nous allons passer à celles des *parallèles*.

Deux lignes sont dites *parallèles*, lorsqu'étant situées dans un même plan, elles ne peuvent point se rencontrer, quelque prolongées qu'on les suppose.

Quand deux lignes parallèles AB, CD (*fig.* 24), sont coupées par une *sécante* EF, il en résulte huit angles qui reçoivent des noms particuliers. On appelle *angles correspondants* ceux qui ont leur ouverture tournée du même côté. Ainsi, les angles x et x' sont correspondants; de même, les angles y, y', et les autres marqués des mêmes lettres. On appelle angles *internes*, ceux qui sont compris entre les lignes AB, CD; ainsi, z, t, x', y', sont des angles internes. On appelle *externes* ceux qui ne sont pas compris entre les lignes AB, CD; ainsi, y, x, z', t', sont des angles externes. On appelle *angles-alternes*, deux angles dont l'un est situé d'un côté, et l'autre, de l'autre côté de la sécante; ainsi, par exemple, x et y, ou bien x et z. De ces définitions il suit que les angles tels que z et x', ou t et y', doivent être appelés *alternes-internes;* ceux tels que y et t', ou bien x et z', doivent être appelés *alternes-externes;* que ceux tels que t et x' sont *internes d'un même côté;* ceux tels que x et t' sont *externes d'un même côté.*

Toutes ces définitions étant bien comprises, nous allons établir l'importante théorie des parallèles dans les propositions suivantes.

PREMIÈRE PROPOSITION.

44. — Deux lignes CD, EF (*fig.* 25), perpendiculaires à une même ligne AB, sont parallèles entre elles.

Démonstration. — En effet, nous avons vu (33.) que ces deux lignes ne pourront jamais se rencontrer quelque prolongées qu'on les suppose.

DEUXIÈME PROPOSITION.

45. — Si deux lignes EF, CH (*fig.* 25) sont telles que l'une soit perpendiculaire et l'autre oblique sur une même ligne AB, ces deux lignes suffisamment prolongées se rencontreront, et, par conséquent, ne sont pas parallèles.

Cette proposition paraît évidente par elle-même. Les géomètres se sont donné bien de la peine pour en trouver une démonstration, et les démonstrations qu'ils en donnent sont en général assez compliquées. Au lieu de les présenter ici, nous préférons, à l'exemple du plus grand nombre, demander qu'on nous accorde cette proposition comme évidente.

46. *Corollaires.* — Il suit de là : 1° *que par un point donné* C (*fig.* 25), *on ne peut tirer qu'une seule parallèle à la ligne* EF, car si on suppose toujours que EF soit perpendiculaire à AB, pour qu'une ligne passant par le point C soit parallèle à EF, il faudra qu'elle soit perpendiculaire à AB.

47. 2° *Si deux lignes* AB, CD (*fig.* 26), *sont parallèles, et qu'on tire* MN *perpendiculaire à* AB, MN *sera aussi perpendiculaire à* CD; car, si CD n'était pas perpendiculaire à MN, elle lui serait oblique; alors des deux lignes AB et CD l'une serait perpendiculaire et l'autre oblique à MN, elles ne seraient donc pas parallèles entre elles, ce qui est contre l'hypothèse.

48. 3° *Si deux lignes* CD, EF (*fig.* 26), *sont séparément parallèles à une troisième ligne* AB, *elles seront parallèles entre elles;* car si l'on tire MN perpendiculaire à AB, elle devra, d'après le corollaire précédent, être aussi perpendiculaire sur chacune des deux lignes CD et EF, donc ces deux lignes sont parallèles entre elles.

TROISIÈME PROPOSITION.

49. — Si deux lignes AB, CD (*fig.* 24), sont coupées par une sécante, et que les angles correspondants tels que x et x' soient égaux, les lignes AB et CD seront parallèles.

Démonstration. — En effet, si les angles correspondants x et x'

sont égaux, les angles z et z' seront aussi égaux, comme opposés par le sommet aux angles x et x'; les angles y et y' seront aussi égaux, car y réuni à x vaut deux droits, comme angles de suite, et y' réuni à x' vaut aussi deux droits; les angles t et t' seront aussi égaux aux angles y et y' comme opposés par le sommet, et, par conséquent, ils seront égaux entre eux; par conséquent, la partie de la figure située à gauche de la sécante est la reproduction exacte de la partie située à droite, comme il est évident à l'œil en renversant la figure; donc, s'il y avait quelque raison pour que les lignes AB, CD, prolongées d'un même côté de la sécante, se rencontrassent en quelque point, V, par exemple, elles devraient aussi, en les prolongeant de l'autre côté, se rencontrer en un point V'; donc entre V et V' on pourrait tirer deux lignes droites, ce qui est impossible; donc les lignes AB et CD ne se rencontreront pas, et seront, par conséquent, parallèles.

50. *Corollaires.* — Les lignes AB, CD, seront encore parallèles : — 1° *Si les angles alternes-internes*, z *et* x', *par exemple, sont égaux :* en effet, s'il en est ainsi, les angles correspondants seront égaux, puisque x est égal à z comme opposé par le sommet; — 2° *Si les angles alternes-externes*, x *et* z', *par exemple, sont égaux :* en effet, l'égalité de ces angles entraîne celle des angles correspondants, puisque z' égale x' comme opposé par le sommet, d'où l'on déduit x égale x'; — 3° *Si la somme des angles internes d'un même côté*, t *et* x', *par exemple, est égale à deux angles droits :* en effet, si l'on a $t + x' = 2$ angles droits, comme on a de plus $t + x = 2$ angles droits (22.), il faut nécessairement que $x = x'$, c'est-à-dire que les angles correspondants soient égaux, et, par conséquent, que les lignes soient parallèles. — 4° *Enfin, les lignes* AB, CD, *sont encore parallèles, si la somme des angles externes d'un même côté*, t' *et* x, *par exemple, est égale à deux angles droits.* En effet, on a alors $t' + x = 2$ droits, mais on a de plus $t' + x' = 2$ droits; donc $x = x'$, c'est-à-dire que les angles correspondants sont égaux, et, par conséquent, les lignes AB et CD sont parallèles.

Ainsi, une de ces cinq conditions, l'égalité des angles correspondants, l'égalité des angles alternes-internes, l'égalité des angles alternes-externes, l'égalité à deux angles droits de la somme des angles internes d'un même côté, l'égalité à deux angles droits de la somme des angles externes d'un même côté, entraîne le parallélisme des deux lignes AB, CD.

QUATRIÈME PROPOSITION (*Réciproque de la troisième*).

51. — **Si deux lignes parallèles, AB, CD (*fig.* 27), sont coupées par une sécante, les angles correspondants EGD et EHB seront égaux.**

Démonstration. — En effet, si l'angle EHB n'était pas égal à l'angle EGD, on pourrait tirer par le point H une ligne RS ou R'S', différente de AB, qui fît avec la sécante EF un angle EHS ou EHS' égal à l'angle EGD; donc cette ligne, RS ou R'S', d'après la proposition précédente, serait alors parallèle à CD, et comme par hypothèse AB est aussi parallèle à CD, il s'ensuivrait que, par le point H, on pourrait tirer deux parallèles à CD, ce qui est impossible (46.); donc la supposition dont nous sommes partis est fausse, donc les angles correspondants EHB et EGD sont égaux.

52. *Corollaires.* — Il suit de ce qui précède que si les lignes AB, CD (*fig.* 24), sont parallèles : — 1° *Les angles alternes-internes*, z *et* x', *par exemple, sont égaux :* en effet, puisque les lignes sont parallèles, les angles x et x' sont égaux, d'après la proposition précédente; or, x est égal à z comme opposés par le sommet; donc $z = x'$. — 2° *Les angles alternes-externes*, x *et* z', *sont égaux :* en effet, $x = x'$ comme correspondants, $x' = z'$ comme opposés par le sommet; donc $x = z'$; — 3° *La somme des angles internes d'un même côté*, t *et* x', *par exemple, est égale à deux droits :* en effet, $x + t = 2$ droits; or, $x = x'$; donc $x' + t = 2$ droits. — 4° *Enfin la somme des angles externes d'un même côté*, x *et* t', *par exemple, est égale à deux droits :* en effet, on a $x + t = 2$ droits; or, $t = t'$ comme correspondant; donc $x + t' = 2$ droits.

Ainsi il suffit de savoir que deux lignes coupées par une sécante sont parallèles, pour pouvoir en conclure ces cinq choses : l'égalité des angles correspondants, celle des angles alternes-internes, celle des angles alternes-externes, l'égalité à deux droits de la somme des angles internes d'un même côté, l'égalité à deux droits de la somme des angles externes d'un même côté.

CINQUIÈME PROPOSITION.

53. — **Deux angles sont égaux s'ils ont leurs côtés parallèles et leurs ouvertures tournées du même côté.**

Démonstration. — Soient les deux angles x et y (*fig.* 28), dont les côtés AB, BC et DE, EF, sont respectivement parallèles, et dont les ouvertures sont tournées du même côté, nous disons qu'ils seront égaux.

Pour le prouver, prolongeons la ligne DE jusqu'en S et la ligne FE jusqu'en R, nous aurons alors deux systèmes de parallèles AB, DS et BC, RF, qui sont sécantes les unes par rapport aux autres; nous aurons donc $y = z$ comme angles correspondants, $z = x$ aussi comme angles correspondants; donc $x = y$, ce qu'il fallait prouver.

54. *Nota.* — Ce n'est pas seulement quand les angles ont leurs ouvertures tournées du même côté qu'ils sont égaux, mais aussi lorsque les ouvertures sont tournées en sens inverse; ainsi l'angle t égale l'angle x : en effet, $x = y$, cela vient d'être prouvé; or, y et t sont égaux comme angles opposés par le sommet; donc $x = t$. Ainsi la proposition précédente, modifiée par cette remarque, doit se formuler comme il suit : *Deux angles sont égaux s'ils ont leurs côtés respectivement parallèles et leurs ouvertures tournées du même côté ou en sens inverse.*

SIXIÈME PROPOSITION.

55. Les parties de parallèles interceptées entre des parallèles sont égales.

Démonstration. — Soient les lignes AB, CD (*fig.* 29, nº 1), parallèles, et soient EF, GH, aussi parallèles, nous disons que les parties RV, TS, seront égales, aussi bien que les parties RT et VS.

Pour le prouver, tirons la ligne RS, qui partagera en deux la figure RVTS; cette ligne pourra être considérée comme une partie de sécante par rapport aux parallèles, et alors les angles x et x' seront égaux comme alternes-internes (52.), et les angles y, y', seront égaux pour la même raison. Cela posé, séparons les deux triangles RST, RSV (comme on le voit dans le nº 2 de la figure 29), pour mieux faire voir l'égalité des lignes RV, TS, et celle des lignes RT, VS; portons la ligne R'S' sur RS de manière que le point R' tombe sur le point S, et le point S' sur R (*a*). L'angle x' étant égal à x, la ligne S'T devra prendre la direction de RV, et le point T se trouvera quelque part sur la direction de RV; de même, l'angle y étant égal à y', la ligne R'T devra prendre la direction de SV, et le point T devra se trouver aussi quelque part sur la direction de SV; donc le point T devra être en même temps sur la direction de RV et sur celle de SV; donc il se trouvera sur le point V, qui est le seul point commun à ces deux directions; donc les deux trian-

(*a*) Si l'on avait quelque difficulté à suivre cette démonstration, on pourrait découper deux morceaux de papier représentant les triangles dont il s'agit, et les porter l'un sur l'autre, comme nous l'indiquons.

gles se recouvriront parfaitement ; le côté RV coïncidera avec S'T, et le côté SV coïncidera avec R'T ; donc on aura RV = S'T, et SV = R'T, ou, ce qui est la même chose, en revenant à la première figure, RV = ST, et SV = RT ; donc enfin, les parties de parallèles interceptées entre des parallèles sont égales.

56. *Corollaire.* — Il suit de là que *deux parallèles sont partout à égale distance, l'une de l'autre.* En effet, si l'on a deux parallèles AB, CD (*fig.* 30), et que par des points quelconques, M, N, O, P, on élève des perpendiculaires à CD, ces perpendiculaires seront aussi perpendiculaires à AB (47.), et elles mesureront la véritable distance des parallèles ; or, ces lignes étant toutes perpendiculaires à AB, seront parallèles entre elles (44.) ; elles seront donc des parties de parallèles interceptées entre des parallèles, et, par conséquent elles seront égales. Donc les parallèles AB, CD, seront partout à égale distance l'une de l'autre.

Telles sont les propriétés des parallèles que nous avions besoin de faire connaître ; il nous reste, pour terminer ce chapitre, à résoudre le problème suivant, qui est d'un fréquent usage.

PROBLÈME.

57. Par un point donné C (*fig.* 31), tirer une ligne parallèle à AB.

Solution. — Les propositions que nous venons de démontrer fournissent plusieurs moyens de résoudre ce problème ; ainsi l'on peut :

1° Par le point C, abaisser sur AB une perpendiculaire CT, ce que nous avons appris à faire (41.) ; puis tirer MN, perpendiculaire à CT, ce que nous avons aussi appris à faire (40.) ; les deux lignes AB, MN, étant perpendiculaire à CT, seront parallèles entre elles.

2° On peut encore, après avoir abaissé la perpendiculaire CT, élever par un autre point S une ligne SR, perpendiculaire à AB et de même longueur que CT ; la ligne MN, passant par les deux points C et R, sera parallèle à AB. En effet, la parallèle à AB qui passe par le point C doit passer par tous les points qui sont à une distance de AB égale à CT ; elle doit donc passer par le point R, ce qui la détermine entièrement.

3° Enfin on peut encore, par le point C (*fig.* 32), tirer une ligne RCO qui fasse avec AB un angle quelconque, x, puis tirer par le même point C une ligne MN qui fasse avec RC un angle égal à l'angle x. Alors la ligne MN sera parallèle à AB, puisque les angles correspondants x et y sont égaux (49.).

58. *Nota.* — Ce troisième procédé ne peut pas cependant être

encore employé, car il suppose qu'on sait faire un angle égal à un angle donné, ce que nous n'apprendrons que dans le n° 73.

CHAPITRE IV.

DES TRIANGLES.

59. Après les propositions qui ont pour objet les propriétés des perpendiculaires, des obliques et des parallèles, les propositions les plus usuelles, dans la Géométrie, sont celles relatives aux propriétés des *triangles* et des *lignes proportionnelles*. Ces propositions feront l'objet de ce chapitre et du suivant.

60. On appelle *triangle* un espace terminé par trois lignes. Si ces lignes sont droites toutes les trois, le triangle est dit *rectiligne*, tel est ABC (*fig.* 33); si les trois lignes sont courbes, le triangle est dit *curviligne*, tel est le triangle ABC (*fig.* 34); enfin, si, parmi les trois côtés qui terminent le triangle, il y a une ligne droite et deux lignes courbes, ou deux lignes droites et une ligne courbe, le triangle est dit *mixtiligne*, tel est le triangle ABC (*fig.* 34 *bis*). Nous ne parlerons ici que des triangles rectilignes que nous désignerons simplement par le nom de *triangle*.

61. Les lignes qui forment le triangle s'appellent les *côtés* du triangle.

Si les trois côtés sont égaux, le triangle est dit *équilatéral;* il est dit *isocelle*, si deux côtés seulement sont égaux; enfin si les trois côtés sont inégaux, on l'appelle *scalène*.

62. Considéré sous le rapport des angles, un triangle est dit *acutangle*, *rectangle* ou *obtusangle*, suivant que les trois angles sont *aigus*, ou que l'un d'eux est *droit*, ou enfin que l'un d'eux est *obtus*. Dans les triangles rectangles on appelle *hypoténuse* le côté opposé à l'angle droit.

63. Deux triangles ABC, A'B'C' (*fig.* 35) sont dits *égaux* quand ils peuvent se porter l'un sur l'autre, de manière à se recouvrir parfaitement, ou, en d'autres termes, quand les trois côtés et les trois angles de l'un sont respectivement égaux aux trois côtés et aux trois angles de l'autre.

64. Il est aisé de voir, quand deux triangles égaux sont ainsi por-

tés l'un sur l'autre, *qu'aux angles égaux sont opposés des côtés égaux et réciproquement.* Ainsi, si les deux triangles ABC, A'B'C' (*fig.* 35) sont égaux, et que l'angle A soit égal à l'angle A', le côté CB sera égal au côté C'B', et réciproquement.

65. Pour pouvoir affirmer que deux triangles sont égaux, il n'est pas nécessaire de savoir explicitement que les trois angles et les trois cotés de l'un sont respectivement égaux aux trois angles et aux trois côtés de l'autre; mais cette égalité peut se conclure de certaines données, comme nous allons le faire voir dans les cinq propositions suivantes, dont les trois premières sont relatives aux triangles quelconques, et les deux autres aux triangles rectangles.

PREMIÈRE PROPOSITION.

66. Deux triangles sont égaux lorsqu'ils ont les trois côtés égaux chacun à chacun.

Démonstration. — Supposons que les trois côtés AB, AC, BC du triangle ABC (*fig.* 36), soient respectivement égaux aux côtés AB, AM, BM du triangle ABM, nous disons que les deux triangles ABC, ABM sont égaux.

Pour le prouver, portons le côté AB du triangle ABM sur le côté AB du triangle ABC, de manière que ces deux lignes coïncident parfaitement. Nous disons que le point M tombera sur le point C. En effet, si le point M ne tombait pas sur le point C, il tomberait ou bien quelque part en M', de manière que le triangle ABM' fût tout entier dans le triangle ABC; ou bien quelque part en M'', de manière que le triangle ABM'' recouvrît entièrement le triangle ABC; ou bien enfin quelque part en M''', de manière qu'aucun des deux triangles ne recouvrît entièrement l'autre. Or, ces trois dernières hypothèses sont inadmissibles; d'abord les deux premières le sont, car, dans ces hypothèses, d'après ce que nous avons vu (28.), on aurait

$$AC + BC > AM' + BM' \quad \text{et} \quad AC + BC < AM'' + BM'',$$

ce qui ne peut pas être, puisque les lignes AM', AM'' et BM', BM'' sont les mêmes que AM et BM, lesquelles sont égales à AC et BC. La troisième hypothèse qui fait tomber le point M du triangle ABM, en M''' est également inadmissible, car on a

$$AC < AD + CD \quad \text{et} \quad BM''' < DM''' + DB,$$

d'où l'on tire, en ajoutant membre à membre ces inégalités,

$$AC + BM''' < AD + DM''' + CD + DB,$$

ou bien,
$$AC + BM''' < AM''' + CB,$$

ce qui est impossible, puisque $AC = AM'''$ et $BM''' = CB$. Donc les différentes hypothèses qui, lorsqu'on transporte le triangle ABM sur le triangle ABC, font tomber le point M ailleurs que sur le point C, sont fausses, et, par conséquent, le point M ne peut tomber qu'en C; mais alors, les deux triangles ABC, ABM, se recouvrent parfaitement l'un l'autre, et sont par conséquent égaux.

DEUXIÈME PROPOSITION.

67. Deux triangles sont égaux quand ils ont un côté égal adjacent à deux angles égaux.

Démonstration. — Supposons que dans les deux triangles ABC, A'B'C' (*fig.* 35), le côté AB soit égal à A'B', et les deux angles A et B respectivement égaux aux angles A' et B', nous disons que ces deux triangles sont égaux.

Pour le prouver, portons, comme tout-à-l'heure, le côté A'B' sur le côté AB, l'angle A' étant égal à l'angle A, la ligne A'C' prendra la direction de AC et le point C' tombera quelque part sur AC, ou sur son prolongement; de même, l'angle B' étant égal à l'angle B, la ligne B'C' prendra la direction de BC, et le point C' devra se trouver quelque part sur BC ou sur son prolongement. Ainsi, le point C' devra se trouver en même temps sur les directions des deux lignes AC et BC, donc il se trouvera sur le point C qui est le seul commun à ces deux lignes; donc, les trois sommets du triangle A'B'C' se confondront avec les trois sommets du triangle ABC, et ces triangles seront par conséquent égaux.

TROISIÈME PROPOSITION.

68. Deux triangles sont égaux quand ils ont un angle égal compris entre deux côtés égaux.

Démonstration. — Supposons que l'angle A' (*fig.* 35), soit égal à l'angle A, et les deux côtés A'B', A'C' respectivement égaux aux deux côtés AB et AC, nous disons que les deux triangles ABC, A'B'C' sont égaux.

Pour le prouver, portons encore A'B' sur AB, de manière que ces lignes coïncident dans toute leur longueur; l'angle A' étant égal à l'angle A, la ligne A'C' prendra la direction de AC, et comme

A'C' égale AC, le point C' tombera sur le point C; donc, les trois sommets des triangles coïncideront, et ces triangles seront par conséquent égaux.

QUATRIÈME PROPOSITION.

69. **Deux triangles rectangles sont égaux lorsqu'ils ont des hypoténuses égales, et que, de plus, un côté de l'angle droit de l'un est égal à un côté droit de l'autre.**

Démonstration. — Soient les deux triangles rectangles, ABC, A'B'C' (*fig.* 37). Supposons les hypoténuses AC et A'C' égales, et soit de plus le côté CB égal à C'B', nous disons que les deux triangles seront égaux.

En effet, portons C'B' sur CB de manière que ces deux lignes coïncident parfaitement. Cela posé, puisque les deux angles B et B' sont droits, la ligne B'A' prendra la direction de BA, et les hypoténuses seront alors des obliques sur BA, partant du même point C de la perpendiculaire BC; or, elles sont égales par hypothèse, donc elles s'écarteront également du pied B de cette perpendiculaire, donc le point A' tombera sur le point A; donc les trois sommets coïncideront, et, par conséquent, les triangles seront égaux.

CINQUIÈME PROPOSITION.

70. **Deux triangles rectangles sont égaux lorsque l'hypoténuse et un angle aigu de l'un sont respectivement égaux à l'hypoténuse et à un angle aigu de l'autre.**

Démonstration. — Supposons que dans les triangles ABC, A'B'C', rectangles de B et B', on ait AC égal à A'C' (*fig.* 37), et que l'angle A soit aussi égal à l'angle A', nous disons que les deux triangles sont égaux.

En effet, portons A'C' sur AC, de manière que ces deux lignes coïncident parfaitement : puisque l'angle A = A', la ligne A'B' prendra la direction de AB. Cela posé, la ligne C'B' devra tomber sur AB de manière à y être perpendiculaire, puisque l'angle B' est droit, donc elle se confondra avec CB qui est déjà perpendiculaire sur AB; donc, les deux triangles coïncideront et seront par conséquent égaux.

Les cinq propositions précédentes vont nous servir à résoudre autant de problèmes relatifs à la construction des triangles, lorsqu'on a un nombre de données suffisantes.

PREMIER PROBLÈME.

71. Construire un triangle, connaissant les trois côtés M, N, O (*fig.* 38.).

Solution. — Pour faire cette construction, on prend une ligne AB = M; du point A comme centre et avec une ouverture de compas égale à N, on décrit un arc ZT; du point B comme centre et d'une ouverture de compas égale à O, on décrit un autre arc de cercle XY, qui coupe le premier en un point C; on joint le point C avec A et avec B, et l'on a ABC pour le triangle demandé. On voit bien, en effet, par cette construction, que AB = M, AC = N, et CB = O.

72. *Nota* 1°. — Il est évident que ce problème serait impossible à résoudre si l'une des lignes données était plus grande que la somme des deux autres. On verrait facilement alors que la construction précédente est impossible.

73. *Nota* 2°. — Le même procédé sert à résoudre le problème suivant : *Par un point* M *pris sur une ligne* MN (*fig.* 39), *tirer une ligne qui fasse avec* MN *un angle égal à un angle donné* A. Pour y parvenir, on tire une ligne BC, qui ferme l'angle A, et l'on a ainsi un triangle ABC. On prend ensuite, à partir du point M, une ligne MO égale à AC; du point M, comme centre, et d'une ouverture de compas égale à AB, on trace un premier arc ZT; d'une autre ouverture de compas égale à BC, et du point O comme centre, on décrit un autre arc UV, qui coupe le premier en un point S; en joignant ensuite le point S avec le point M, on aura SMO pour l'angle demandé, égal à l'angle A. Il est facile de voir, en effet, que ce procédé étant le même que celui donné précédemment, si on tirait une ligne SO, le triangle SMO serait égal au triangle BAC, et qu'on pourrait les porter l'un sur l'autre de manière à faire coïncider l'angle SMO avec l'angle A.

DEUXIÈME PROBLÈME.

74. Construire un triangle, quand on connaît un côté M et les deux angles adjacents X et Y (*fig.* 40).

Solution. — Pour résoudre ce problème, prenons AB = M; par le point A, tirons une ligne indéfinie AM qui fasse avec AB un angle A égal à l'angle X; par le point B, tirons une autre ligne indéfinie BN qui fasse, aussi avec AB, un angle B égal à l'angle Y, cette ligne coupera quelque part la première en un point O, et nous aurons le triangle AOB, qui sera le triangle demandé, puisqu'il a un côté AB égal à la ligne M, compris entre deux angles égaux aux angles X et Y.

TROISIÈME PROBLÈME.

75. Construire un triangle, connaissant un angle X et les deux côtés adjacents M et N (*fig.* 41).

Solution. — Tirons deux lignes indéfinies AS, AT, faisant un angle égal à l'angle X, puis prenons sur l'une d'elles, à partir du point A, une partie AB égale à M, et sur l'autre une partie AC égale à N; joignons le point B avec le point C, et nous aurons le triangle ABC, qui sera le triangle demandé.

QUATRIÈME PROBLÈME.

76. Construire un triangle rectangle, connaissant l'hypoténuse H et un côté de l'angle droit M (*fig.* 42).

Solution. — Prenons une ligne AB égale au côté M; élevons ensuite au point A une perpendiculaire indéfinie AD; puis, du point B et d'une ouverture de compas égale à l'hypoténuse H, traçons un arc de cercle qui coupera quelque part en C la ligne AD; joignons le point C avec le point B, et nous aurons ABC pour le triangle demandé. Il est visible, en effet, que ce triangle est rectangle en A, que son hypoténuse BC = H, et que le côté AB = M.

CINQUIÈME PROBLÈME.

77. Construire un triangle rectangle, connaissant l'hypoténuse H et un des angles aigus X (*fig.* 43).

Solution. — Prenons AB égale à H; par le point A, tirons une ligne indéfinie AD qui fasse avec AB un angle A égal à l'angle X; puis, du point B, abaissons une perpendiculaire BC sur la ligne AD; le triangle ABC sera le triangle demandé, car il sera rectangle en C; son hypoténuse AB égalera la ligne H, et l'angle A sera égal à l'angle X.

---

78. Après avoir développé les propositions précédentes relatives à l'égalité des triangles, et résolu les problèmes dont la solution en découlait, nous allons exposer les propriétés absolues des triangles. Elles consistent dans les relations qui existent entre les angles, ou dans celles qui existent entre les côtés, ou, enfin, dans celles qui existent entre les angles et les côtés.

Les relations qui existent entre les angles sont toutes renfermées dans la proposition suivante et les corollaires qui en découlent.

PROPOSITION.

79. **La somme des trois angles d'un triangle est égale à deux angles droits.**

Démonstration. — Soit le triangle ABC (*fig.* 44). Pour démontrer la proposition dont il s'agit, par le point C, tirons MN parallèle à AB; nous aurons les trois angles $y + x + z = 2$ angles droits (23.). Or, les deux angles y et A sont égaux comme alternes-internes; les deux angles z et B sont égaux pour la même raison. Donc on a $A + x + B = 2$ angles droits, ce qui est la proposition à démontrer.

80. *Corollaires.* — Il suit de là : 1° *Que quand deux triangles ont deux angles égaux, les troisièmes angles sont égaux;*

2° *Qu'un triangle ne peut pas avoir deux angles droits;*

3° *Qu'à plus forte raison il ne peut pas avoir deux angles obtus, ni un angle droit et un angle obtus;*

4° *Que la somme des deux angles aigus d'un triangle rectangle est égale à un angle droit;*

5° *Que si l'on prolonge un côté* AC (*fig.* 45) *d'un triangle* ABC, *l'angle extérieur* BCD, *qui en résultera, sera égal à la somme des deux angles* A *et* B;

6° *Que quand on connaîtra deux angles d'un triangle, pour avoir le troisième angle, il faudra retrancher la somme des deux premiers de deux angles droits.*

81. Ce serait ici la place des propositions qui expriment les relations entre les côtés d'un triangle, mais la démonstration de ces propositions exigeant des connaissances que nous n'avons pas encore, nous sommes obligés de les renvoyer au chapitre suivant. (Voyez depuis le n° **126** jusqu'au n° **134.**)

Nous allons donc établir les relations qui existent entre les angles et les côtés; elles sont renfermées dans les propositions suivantes.

PREMIÈRE PROPOSITION.

82. Dans un triangle qui a deux côtés égaux, aux côtés égaux sont opposés des angles égaux.

Démonstration. — Soit le triangle ABC (*fig.* 46), dans lequel les côtés AB et BC sont égaux, nous disons que l'angle A est égal à l'angle C.

Pour le prouver, abaissons la perpendiculaire BM; cette perpendiculaire devra tomber sur le milieu de AC, puisque les obliques AB, BC, étant égales, doivent s'écarter également du pied de la perpendiculaire; donc les deux triangles ABM, BCM, auront leurs trois côtés égaux chacun à chacun, savoir : AB = BC, AM = MC, et BM commun aux deux triangles; donc ils seront égaux (66.). Donc l'angle A, opposé au côté BM dans l'un des triangles, sera égal à l'angle C, opposé au même côté BM dans l'autre triangle (64.).

DEUXIÈME PROPOSITION.

83. Dans un triangle dont deux côtés sont inégaux, au plus grand côté est opposé un plus grand angle.

Démonstration. — Soit le triangle ABC (*fig.* 47), dans lequel AC est supposé plus grand que AB, nous disons que l'angle ABC est plus grand que l'angle C.

Pour le prouver, par le milieu M de BC élevons une perpendiculaire : cette perpendiculaire devra couper quelque part en O le côté AC, puisque le point A, étant plus près de B que de C, doit se trouver à gauche de la perpendiculaire (35.). Cela posé, tirons la ligne OB, nous aurons un triangle OBC isocelle, puisque les lignes OC, OB, sont des obliques égales comme s'écartant également du pied M de la perpendiculaire; donc, d'après la proposition précédente, l'angle OBC sera égal à l'angle C; or, l'angle ABC est plus grand que OBC, donc il sera aussi plus grand que l'angle C, ce qu'il fallait démontrer.

TROISIÈME PROPOSITION (*réciproque de la première*).

84. Dans un triangle dont deux angles sont égaux, les côtés opposés à ces angles sont aussi égaux.

Démonstration. — En effet, si les côtés opposés aux angles égaux étaient inégaux, il faudrait, d'après la deuxième proposition, que les angles qui leur sont opposés fussent inégaux, ce qui est contre l'hypothèse.

QUATRIÈME PROPOSITION (*réciproque de la seconde*).

85. Dans un triangle où deux angles sont inégaux, au plus grand angle est opposé un plus grand côté.

Démonstration. — En effet, si le côté opposé au plus grand angle n'était pas plus grand que l'autre, il faudrait qu'il fût égal à cet autre ou plus petit que lui; or, il ne peut pas lui être égal, puisque alors il faudrait que les angles opposés fussent égaux, d'après la première proposition; il ne peut pas être plus petit, car il faudrait pour cela que l'angle qui lui est opposé fût plus petit que l'autre angle, d'après la seconde proposition : donc il faut qu'il soit plus grand.

CINQUIÈME PROPOSITION.

86. Dans un triangle équilatéral les trois angles sont égaux.

Démonstration. — En effet, nous avons vu dans la première proposition, qu'à des côtés égaux sont opposés des angles égaux, or, dans un triangle équilatéral, les trois côtés sont égaux, donc les trois angles aussi doivent être égaux.

Nous conseillons, avant de passer au chapitre suivant, de s'exercer au moyen d'une règle et d'un compas à résoudre sur plusieurs exemples particuliers les divers problèmes dont nous avons parlé dans les chapitres précédents; mais, comme dans plusieurs de ces problèmes il y a des angles à construire, et qu'on se sert ordinairement pour cela de certains instruments, nous allons ajouter ici quelques détails tant sur la mesure des angles que sur l'usage de ces instruments, détails que l'ordre des matières devrait placer dans le chapitre sixième.

PROPOSITION.

87. Si deux angles B et B' (*fig.* 48), sont égaux, et que de leurs sommets, comme centres, et d'une même ouverture de compas, on décrive des arcs xy, $x'y'$ entre leurs côtés, ces arcs seront égaux.

Démonstration. — Cette proposition est presque d'évidence intuitive, car si l'on porte la ligne B'C' sur la ligne BC de manière que le point B' soit sur le point B, la ligne B'A' prendra la direction BA, et comme les deux arcs xy, $x'y'$ sont décrits avec le même rayon ils devront coïncider parfaitement l'un avec l'autre.

88. *Nota.* — La réciproque de cette proposition est également évidente, c'est-à-dire que si les arcs xy, $x'y'$, décrits des sommets B et B' avec une même ouverture de compas, sont égaux, les angles B et B' seront aussi égaux; car si, dans cette hypothèse, on porte la seconde figure sur la première, de manière que la ligne B'y' coïncide parfaitement avec By, comme les arcs yx, $y'x'$ sont décrits avec le même rayon et sont de même longueur, ils s'appliqueront parfaitement l'un sur l'autre; donc le point x' tombera sur le point x, la

ligne A′B′ se confondra avec AB, et les deux angles B et B′ seront par conséquent égaux.

PROPOSITION.

89. Si des sommets B et B′ de deux angles (*fig.* 49), et d'une même ouverture de compas, on décrit entre les côtés des arcs xy, $x'y'$, le rapport des angles sera le même que celui des arcs.

Démonstration. — La démonstration de cette proposition présente deux cas, suivant que les deux arcs sont commensurables ou ne le sont pas (13.) :

1° Si les arcs xy, $x'y'$ sont commensurables, supposons que leur commune mesure soit contenue trois fois, par exemple, dans $x'y'$, et cinq fois dans xy; dès-lors, nous pourrons diviser l'arc $x'y'$ en trois parties égales, et l'arc xy en cinq parties égales entre elles et égales aussi aux parties de $x'y'$. Cela posé, par les points de division, tirons des lignes aux sommets B et B′, nous partagerons les deux angles ABC, A′B′C′, le premier en trois angles et le second en cinq qui seront tous égaux entre eux (88.). Ces deux angles ABC et A′B′C′ seront donc entre eux comme 5 est à 3; or, les arcs xy et $x'y'$ sont aussi entre eux comme 5 est à 3. Donc, le rapport des angles est le même que celui des arcs.

2° Supposons maintenant que les deux arcs xy et $x'y'$ (*fig.* 49 *bis*) soient incommensurables, nous disons que le rapport des deux angles ABC, A′B′C′ est encore le même que celui des deux arcs xy, $x'y'$, et que l'on a, par conséquent,

$$\text{ABC} : \text{A'B'C'} :: xy : x'y'.$$

En effet, si ces quatre quantités ne forment pas une proportion, c'est parce que le quatrième terme est trop grand ou trop petit; on devra donc avoir la proportion : l'angle ABC est à l'angle A′B′C′ comme l'arc xy est à un arc plus grand ou plus petit que $x'y'$, $x's$, ou $x's'$, par exemple. Or : 1° on ne peut avoir

$$\text{ABC} : \text{A'B'C'} :: xy : x's,$$

car en divisant l'arc xy, en parties égales et plus petites que sy', et en portant une de ces parties de x' et s de manière à obtenir sur l'arc $x's$ des parties égales, un des points de division tombera quelque part en r, entre y' et s, et, si l'on joint le point r avec le point

B', l'angle A'B'r sera commensurable avec l'angle ABC, et par conséquent l'on aura la proportion

$$\mathrm{ABC} : \mathrm{A'B'}r :: xy : x'r.$$

Or, en comparant cette proportion avec la précédente, on voit que les antécédents sont les mêmes; il suit de là que les conséquents doivent former une proportion; on devra donc avoir

$$\mathrm{A'B'C'} : \mathrm{A'B'}r :: x's : x'r.$$

Mais il n'en peut être ainsi, car, dans cette proportion, le premier antécédent est plus petit que son conséquent et le second antécédent est plus grand que son conséquent, donc l'hypothèse dont on est parti est fausse, et l'on ne peut avoir l'angle ABC est à l'angle A'B'C', comme l'arc xy est à un arc plus grand que $x'y'$.

2° Nous disons de plus qu'on ne peut avoir

$$\mathrm{ABC} : \mathrm{A'B'C'} :: xy : x's'.$$

En effet, si nous partageons, comme dans l'hypothèse précédente, l'arc xy en parties égales et plus petites que $y's'$, et si, à partir du point x', nous prenons sur l'arc $x'y'$, des parties égales à l'une d'elles, un des points de divisions tombera quelque part en r' entre s' et y'. Puis, si nous tirons la ligne r'B', l'arc xy étant commensurable avec l'arc $x'r'$, nous aurons

$$\mathrm{ABC} : \mathrm{A'B'}r' :: xy : x'r'.$$

Cette proportion ayant les mêmes antécédents que la précédente, les conséquents devront faire une proportion, et l'on devra avoir

$$\mathrm{A'B'C'} : \mathrm{A'B'}r' :: x's' : x'r',$$

ce qui est impossible, puisqu'on a $\mathrm{A'B'C'} > \mathrm{A'B'}r'$, et $x's' < x'r'$. Donc encore ici l'hypothèse dont on part est fausse, et l'on ne peut avoir le triangle ABC est au triangle A'B'C' comme l'arc xy est à un arc plus petit que $x'y'$. Donc le rapport des deux angles ABC, A'B'C' est le même que celui des deux arcs xy et $x'y'$ décrits de leurs sommets et avec une même ouverture de compas, lors même que les deux arcs sont incommensurables. Donc enfin cette égalité a lieu dans tous les cas.

90. *Nota* 1°. — Nous engageons à apporter une attention particulière à ce mode de démonstration par la réduction à l'absurde : on l'emploie souvent dans la Géométrie; mais on peut souvent y subs-

tituer avec avantage l'autre mode de démonstration que nous renvoyons aux Notes placées à la fin de ce Traité (*note* nº 4.).

91. *Nota* 2º. — Le rapport entre deux qnantités est l'expression de combien de fois l'une est contenue dans l'autre. Quand deux quantités, deux lignes, par exemple, sont commensurables, ce rapport peut s'obtenir exactement par un nombre entier ou fractionnaire, et il est le même que celui des deux nombres qui expriment combien de fois la commune mesure est renfermée dans les deux lignes dont il s'agit.

Lorsque deux lignes sont incommensurables, on ne peut plus exprimer exactement par un nombre le rapport de l'une à l'autre; mais on peut approcher indéfininiment de cette expression. Soit en effet deux lignes AB, CD (*fig.* 5.), supposées incommensurables; si l'on partage une d'elle, CD, par exemple, en 10 parties égales, et que, prenant une de ces parties pour unité, on la porte aussi souvent que possible sur AB, de A vers B, en négligeant la fraction que l'on finira par trouver, on aura la valeur de AB, à moins d'un dixième de CD, et, par conséquent, on pourra avoir le rapport de AB à CD aussi à moins d'un dixième de CD. Il est facile de voir que si on recommençait cette opération en prenant successivement pour unité la centième, la millième, la dix-milième, etc., partie de CD, on aurait successivement la valeur de AB, et par suite le rapport de AB à CD à moins d'un centième, d'un millième, d'un dix-millième, etc., de CD, sans qu'on puisse assigner de limite à cette approximation.

Lorsque quatre lignes A, B, C, D, forment une proportion, si les deux premières (et, par conséquent aussi, les deux dernières), sont commensurables, le nombre entier ou fractionnaire qui exprime exactement le rapport de A à B est le même que celui qui exprime le rapport de C à D. Si les deux premières lignes (et, par conséquent aussi, les deux dernières), sont incommensurables, en cherchant, avec une même approximation en nombre, le rapport entre A et B, et le rapport entre C et D (c'est-à-dire en cherchant le rapport de A à B, à moins d'un dixième, d'un centième, d'un millième, ou de toute autre fraction de l'une d'elles, B par exemple, et aussi le rapport de C à D, à moins d'un dixième, d'un centième, d'un millième, ou de toute autre fraction de D), les nombres qui donnent ces approximations doivent être égaux.

92. Nous venons d'établir que le rapport de deux angles est le

même que celui de deux arcs compris entre leurs côtés, et décrits de leurs sommets comme centre, avec une même ouverture de compas. Nous allons voir bientôt comment, en s'appuyant sur cette proposition, on peut faire servir les arcs à la mesure des angles, mais auparavant remarquons que l'on appelle *degré* la trois cent soixantième partie de la circonférence. Le degré se partage en soixante parties, qu'on appelle *minutes;* la minute, en soixante parties, qu'on appelle *secondes,* etc. Pour exprimer un certain nombre de degrés, minutes et secondes, on emploie ordinairement les signes ^{o}, $'$, $''$; ainsi, au lieu d'écrire, par exemple, 36 degrés 25 minutes 15 secondes, on écrit $36^o\ 25'\ 15''$.

Cela posé, rappelons que mesurer une quantité, c'est rechercher combien de fois elle contient une quantité *de même espèce,* que l'on prend pour unité. Ainsi, mesurer un angle, c'est rechercher combien de fois il contient un autre angle déterminé. L'unité dont on fait choix ordinairement est un angle tel que si, de son sommet comme centre, on décrivait une circonférence, la partie interceptée entre les côtés de cet angle serait la trois cent soixantième partie de la circonférence, ou serait un degré; on appelle cet angle *angle d'un degré.*

Ainsi on donnera une idée exacte de la valeur d'un angle, en disant combien il peut contenir d'angles d'un degré; mais il est évident, d'après ce que nous avons dit (89.), qu'au lieu de dire combien il peut contenir d'angles d'un degré, on peut dire combien l'arc décrit de son sommet comme centre, et intercepté entre ses côtés, renferme de degrés. C'est ce que l'on fait ordinairement, et tel est le sens de cette proposition, qu'*un angle a pour mesure le nombre de degrés de l'arc,* ou même plus simplement, *qu'un angle a pour mesure l'arc compris entre ses côtés et décrit de son sommet comme centre.*

Nous pouvons maintenant faire connaître deux instruments dont on se sert, soit pour mesurer un angle donné, soit pour construire un angle d'une valeur déterminée. Le premier sert pour opérer sur le papier : on l'appelle *rapporteur;* le second sert pour opérer sur le terrain : il se nomme *graphomètre.*

93. Du rapporteur. — C'est une bande demi-circulaire ADB (*fig.* 50), ordinairement en métal ou en corne transparente, divisée en degrés et fractions de degrés. La ligne AB est un diamètre; à son milieu C se trouve une petite échancrure, qui est ainsi le centre des demi-circonférences qui terminent la bande ADB. Voici l'u-

sage qu'on en fait : — 1° Pour mesurer un angle donné; — 2° Pour construire un angle d'une valeur déterminée.

1° *Soit à mesurer l'angle* DON (*fig.* 51). On porte le rapporteur sur cet angle de manière que l'échancrure C corresponde au sommet O de l'angle, et que le diamètre AB soit dans la direction du côté ON; la ligne OD vient alors traverser quelque part en X la bande demi-circulaire ADB, et on lit sur la division qui y est adaptée le nombre de degrés de l'arc XB; ce nombre fait connaître la valeur de l'angle DON.

2° *Par un point* R *pris sur une ligne* MN (*fig.* 52), *soit proposé de tirer une ligne qui fasse avec* RN *un angle d'une valeur déterminée.* Pour cela, on porte le rapporteur sur la ligne MN de manière que l'échancrure corresponde au point R, et que le diamètre AB soit dans la direction de MN; cela fait, on prend sur la division du rapporteur un point tel, X, que l'arc XB ait précisément le nombre de degrés de l'angle dont il s'agit, et l'on marque sur le papier le point correspondant au point X, on enlève le rapporteur, et l'on tire la ligne RX, qui forme ainsi avec RN l'angle demandé.

94. Du graphomètre. — Le graphomètre a le plus grand rapport avec le rapporteur; c'est, comme ce dernier instrument, un demi-cercle AMB (*fig.* 53), divisé en degrés et fractions de degré; C est le centre, AB est un diamètre fixe, ED est un diamètre mobile qui peut tourner autour du centre C. On l'appelle *alidade;* les deux diamètres portent à leurs extrémités des *pinnules,* ou petites pièces percées d'une ouverture dans laquelle on tend ordinairement un crin, et à travers lesquelles on peut apercevoir les objets. Tout l'appareil est soutenu par un pied, dont une partie F, qu'on appelle le *genou,* est disposée de manière qu'on puisse faire prendre au graphomètre toutes les positions possibles. Il est à peine nécessaire d'indiquer la manière de s'en servir.

1° *Pour mesurer un angle sur le terrain,* on place l'appareil de manière à ce que le centre soit au sommet de cet angle. On dirige le diamètre fixe dans la direction de l'un des côtés de l'angle, et le diamètre mobile dans la direction de l'autre côté, ce que l'on fait en regardant à travers les pinnules quelque objet qui soit sur ces directions. Le nombre de degrés interceptés entre les deux diamètres donne la valeur de l'angle dont il s'agit.

2° *Pour tirer une ligne qui fasse avec* ST, *par exemple* (*fig.* 54), *un angle d'une valeur déterminée et dont le sommet soit en* S, on place le graphomètre de manière que le centre soit en S, et le diamètre AB dans la direction ST, puis on tourne l'alidade de manière à ce qu'elle fasse avec AB l'angle dont il s'agit; et, en regardant à travers les pinnules de l'alidade, on fixe quelque objet X qui soit dans sa direction, la ligne qui joindra cet objet au point S résoudra le problème proposé.

CHAPITRE V.

DES LIGNES PROPORTIONNELLES. — DE LA SIMILITUDE DES TRIANGLES.

95. Deux lignes AB, A'B' (*fig.* 55), sont dites *coupées en deux parties proportionnelles* par les points X et X', lorsqu'on a la proportion

$$AX : XB :: A'X' : X'B'.$$

Et, en général, deux lignes MN, M'N', sont dites *coupées en parties proportionnelles* par les points X, Y, Z, X', Y', Z', lorsque deux parties quelconques de la première sont entre elles dans le même rapport que les deux parties correspondantes de la seconde.

La théorie des lignes proportionnelles est d'un usage continuel en Géométrie; elle peut se résumer dans les propositions suivantes.

PREMIÈRE PROPOSITION.

96. Si, sur une ligne MN (*fig.* 56), on prend des parties AB, BC, CD, DE, égales entre elles, et si, par les points de division, on tire sur une autre ligne M'N' des lignes AA', BB', CC', DD', EE', toutes parallèles entre elles, les lignes A'B', B'C', C'D', D'E', seront égales.

Démonstration. — Pour le prouver, par les points A', B', C', D', tirons les lignes A'X, B'Y, C'Z, D'T parallèles à MN, nous formerons des triangles qui seront tous égaux entre eux. En effet, si nous considérons seulement les triangles A'B'X, B'C'Y, nous verrons que dans ces triangles : 1° les deux lignes A'X, B'Y, étant toutes deux parallèles à MN, sont parallèles entre elles (48.), et, par conséquent, les angles A'XB', B'YC' sont égaux comme ayant leurs côtés parallèles et leurs ouvertures tournées du même côté; 2° les deux angles XA'B', YB'C' sont égaux comme correspondants; 3° A'X est égal à B'Y, car ces lignes sont respectivement égales à AB et à BC comme parallèles comprises entre parallèles (55.), et les deux lignes AB, BC, sont égales entre elles par hypothèse. Donc les deux triangles dont il s'agit ont un côté égal, A'X, B'Y, adjacent à deux angles égaux; donc ils sont égaux (67.). Or, dans les triangles égaux aux angles égaux sont opposés des côtés égaux; donc, enfin, A'B' opposé à l'angle A'XB' est égal à B'C' opposé à l'angle B'YC'. On prouverait absolument de la même manière que ces lignes sont égales à C'D', D'E'; donc notre proposition est démontrée.

97. *Corollaire.* — Il suit de là que l'on peut établir la proportion : *Un certain nombre de parties de la ligne* MN *est à un autre nombre de ces mêmes parties, comme des nombres correspondants de parties de la ligne* M'N' *sont entre eux.*

DEUXIÈME PROPOSITION.

98. Deux lignes BA, CD (*fig.* 57), qui sont coupées par trois parallèles BC, MN, AD, sont coupées en parties proportionnelles.

Démonstration. — La démonstration présente deux cas, suivant que les deux lignes BM, AM sont commensurables ou incommensurables :

1° Si les deux lignes BM, AM sont commensurables, supposons que leur commune mesure soit renfermée quatre fois, par exemple, dans BM, et trois fois dans AM; alors, en divisant BM en quatre parties égales, et AM en trois parties aussi égales, la ligne entière BA sera divisée en sept parties égales; maintenant si par les points de division on tire des lignes parallèles à BC, et, par conséquent, aussi à MN et à AD, la ligne CD, d'après la proposition précédente, sera partagée aussi en sept parties égales, et d'après le corollaire de cette même proposition on aura

$$BM : MA :: CN : ND.$$

2° Supposons maintenant que les lignes BM et AM (*fig.* 57 *bis*) soient incommensurables, et qu'on tire encore les parallèles BC, MN, AD, nous disons que l'on a encore $BM : AM :: CN : DN$.

En effet, si l'on n'avait pas cette proportion on devrait avoir, BM est à AM, comme CN est à une ligne plus grande ou plus petite que ND, par exemple, NS ou NS'. Or, nous disons 1° qu'on ne peut avoir

$$BM : AM :: CN : NS,$$

car supposons qu'on partage CN en parties égales et assez petites pour qu'en prenant une ouverture de compas égale à l'une d'elles, et la portant de C vers S, une des divisions tombe entre D et S, en

T, par exemple. Si par le point T on tire TE parallèle à BC, et, par conséquent, à MN, les lignes CN et NT étant commensurables, on aura la proportion

$$BM : ME :: CN : NT.$$

Mais cette proportion a les mêmes antécédents que la précédente; les conséquents doivent donc former une proportion et l'on doit avoir

$$AM : ME :: NS : NT.$$

Or, il est impossible qu'on ait une telle proportion, car on a AM < ME et NS > NT. Donc l'hypothèse dont on est parti est absurde; donc on ne peut avoir BM est à AM, comme CN est à une ligne plus grande que ND.

Nous disons : 2° qu'on ne peut avoir

$$BM : AM :: CN :: NS',$$

car en divisant, comme précédemment, CN en parties égales et assez petites pour qu'en portant une ouverture de compas égale à l'une de ces parties de C vers D, une des divisions tombe entre S' et D, en T', par exemple, si l'on tire T'E' parallèle à la ligne BC, on aura la proportion

$$BM : ME' :: CN : NT'.$$

Mais encore ici, cette proportion ayant les mêmes antécédents que la précédente, les conséquents doivent faire une proportion, et l'on doit avoir

$$AM : ME' :: NS' : NT',$$

ce qui est impossible, puisque on a AM > ME' et NS' < NT'. Donc la seconde hypothèse est absurde, et l'on ne peut avoir BM est à AM comme CN est à une quantité plus petite que ND. Donc enfin on a

$$BM : AM :: CN : ND.$$

Donc, dans tous les cas, *deux lignes droites sont coupées par trois parallèles en parties proportionnelles*. (Voir pour une autre démonstration de cette proposition les Notes, n° 5-1°.)

99. *Nota.* 1° — On peut remarquer que cette démonstration est la même que celle donnée pour prouver que deux angles sont toujours entre eux comme les arcs décrits de leurs sommets comme centre avec une même ouverture de compas. (80.)

100. *Nota* 2°. — On prouverait, comme nous l'avons fait pour la proposition précédente, que lorsque *deux lignes* AE, FL (*fig.* 58),

sont coupées par autant de lignes parallèles, AF, BG, CH, DK, EL, *qu'on voudra, elles sont coupées en parties proportionnelles.*

101. *Corollaires.* — Lorsque deux lignes BA, CD (*fig.* 57), sont partagées en parties proportionnelles, on a non-seulement la proportion précédente

$$(1)\quad \mathrm{BM} : \mathrm{MA} :: \mathrm{CN} : \mathrm{ND},$$

mais on a encore toutes celles qui peuvent se déduire de celle-là. Ainsi, en changeant les moyens de place, ce qui est permis (Arith. 230), on aura

$$(2)\quad \mathrm{BM} : \mathrm{CN} :: \mathrm{MA} : \mathrm{ND}.$$

Ainsi, en se rappelant (Arith. 236.) que, dans une proportion, on a : la somme des deux premiers termes est au premier antécédent ou au premier conséquent, comme la somme des deux derniers termes est au second antécédent ou au second conséquent, et en modifiant, d'après ce principe, la proportion (1), on aura

$$\mathrm{BM} + \mathrm{MA} : \mathrm{BM} :: \mathrm{CN} + \mathrm{ND} : \mathrm{CN},$$
$$\mathrm{BM} + \mathrm{MA} : \mathrm{MA} :: \mathrm{CN} + \mathrm{ND} : \mathrm{ND},$$

c'est-à-dire

$$(3)\quad \mathrm{BA} : \mathrm{BM} :: \mathrm{CD} : \mathrm{CN},$$
$$(4)\quad \mathrm{BA} : \mathrm{MA} :: \mathrm{CD} : \mathrm{ND},$$

ou, en changeant les moyens de place,

$$(5)\quad \mathrm{BA} : \mathrm{CD} :: \mathrm{BM} : \mathrm{CN},$$
$$(6)\quad \mathrm{BA} : \mathrm{CD} :: \mathrm{MA} : \mathrm{ND}.$$

Pour énoncer en langage ordinaire les propositions renfermées dans les proportions précédentes, nous dirons : *Quand deux lignes sont coupées en deux parties proportionnelles :*

1° *Les deux parties de la première sont entre elles dans le même rapport que les deux parties correspondantes de la seconde* (1). *Ceci est, du reste, de définition.*

2° *Une partie de la première est à la partie correspondante de la seconde comme l'autre partie de la première est à l'autre partie de la seconde* (2).

3° *La première ligne tout entière est à une de ses parties comme la seconde ligne tout entière est à la partie correspondante à cette partie de la première* (3), (4).

4° *La première ligne tout entière est à la seconde comme une partie de la première est à la partie correspondante de la seconde* (5), (6).

Nous pourrions facilement de la proportion (1) déduire plusieurs autres proportions qui exprimeraient autant de propriétés des lignes coupées en parties proportionnelles; celles que nous avons déduites sont les plus usuelles.

TROISIÈME PROPOSITION.

102. Lorsque deux côtés d'un triangle sont coupés par une ligne parallèle au troisième côté, ils sont coupés en parties proportionnelles.

Démonstration. — Pour prouver cette proposition, il suffit de se reporter à la figure 57, car si par le point C on tire une ligne CE qui coupe MN en un point F, on aura un triangle CED dont deux côtés CE, CD sont coupés par une ligne FN parallèle au troisième côté; or, les deux parties CF et FE sont respectivement égales aux parties BM, MA, comme parallèles comprises entre parallèles; donc, puisqu'on a la proportion (1)

$$BM : MA :: CN : ND,$$

on aura aussi
$$CF : FE :: CN : ND,$$

ce qu'il fallait prouver.

QUATRIÈME PROPOSITION (*réciproque de la troisième*).

103. Réciproquement, si une ligne DE (*fig.* 59), coupe deux côtés d'un triangle en parties proportionnelles, elle est parallèle au troisième côté.

Démonstration. — En effet, puisque les deux côtés AB, AC du triangle ABC, sont coupés en parties proportionnelles par DE, on a la proportion (101.)

$$AB : AD :: AC : AE.$$

Cela posé, si la ligne DE n'est pas parallèle à BC, on pourra, par le point D, tirer une autre ligne, DX, par exemple, de manière qu'elle soit parallèle à BC; et, par conséquent, l'on aura, d'après la proposition précédente (102.) et d'après le corollaire du n° 101,

$$AB : AD :: AC : AX.$$

Maintenant, si l'on compare cette proportion avec la précédente, on verra que les trois premiers termes sont égaux, donc les quatrièmes termes AE, AX devraient l'être; or, ils ne le sont pas, donc il y a eu erreur dans la supposition d'où l'on est parti, à savoir que la ligne DE n'était pas parallèle à BC ; donc, enfin, la ligne DE, par cela seul qu'elle coupe les deux côtés AB et AC en parties proportionnelles, est parallèle à BC ; ce qu'il fallait prouver.

---

104. Ce qui précède renferme les propositions fondamentales de la théorie des lignes proportionnelles. Nous pouvons passer maintenant à celles qui ont pour objet la similitude des triangles ; c'est ce que nous allons faire après avoir défini cette similitude.

105. *Deux triangles sont dits semblables, lorsque les angles de l'un sont respectivement égaux aux angles de l'autre, et que les côtés homologues (c'est-à-dire opposés aux angles égaux), sont proportionnels.* Ainsi, si les triangles ABC, A'B'C' (*fig.* 60) sont tels que $A = A'$, $B = B'$, $C = C'$, et que de plus on ait la proportion $AB : A'B' :: BC : B'C' :: AC : A'C'$, ces deux triangles seront dits semblables.

106. *Nota.* — Pour affirmer que deux triangles sont semblables, il n'est pas nécessaire de savoir explicitement que les trois angles de l'un sont respectivement égaux aux trois angles de l'autre, et que les trois côtés de l'un sont proportionnels aux trois côtés de l'autre ; mais cette similitude peut se conclure de certaines données, comme nous allons l'établir dans les propositions suivantes, dont la première servira de préliminaire aux autres.

PREMIÈRE PROPOSITION.

107. Si, par un point D (*fig.* 61) d'un côté du triangle ABC, on tire une ligne parallèle à BC (ou, ce qui revient au même (102.), une ligne qui coupe les côtés AB, AC, en parties proportionnelles), le petit triangle ADE sera semblable au triangle ABC.

Démonstration. — En effet, d'abord les angles sont égaux, car l'angle A est commun, et les deux lignes BC, DE étant parallèles, les angles x et z sont égaux comme correspondants, et les angles y et v le sont aussi pour la même raison. De plus, les côtés homologues sont proportionnels : en effet, puisque DE est parallèle à BC, on a déjà la proportion (102.)

$$(1) \qquad AB : AD :: AC : AE.$$

Reste à savoir si les côtés BC et DE sont proportionnels aux autres côtés. Pour le savoir, tirons EF parallèle à AB, dès-lors les lignes AC, BC seront coupées en parties proportionnelles, et l'on aura

$$AC : AE :: BC : BF;$$

mais BF = DE, comme parallèles comprises entre parallèles; donc, à la place de la proportion précédente, on peut écrire

$$(2) \qquad AC : AE :: BC : DE.$$

Les proportions (1) et (2) ayant un rapport commun, on peut écrire

$$AB : AD :: AC : AE :: BC : DE;$$

donc, dans les triangles ABC et ADE, les côtés homologues sont proportionnels; nous avons déjà vu que les angles sont égaux chacun à chacun; donc les triangles sont semblables.

DEUXIÈME PROPOSITION.

108. Deux triangles sont semblables lorsque deux angles de l'un sont respectivement égaux à deux angles de l'autre (et, à plus forte raison, lorsque ils ont les trois angles égaux chacun à chacun, comme on le dit ordinairement).

Démonstration. — Supposons que les angles A et B (*fig.* 62) soient respectivement égaux aux deux angles A' et B'; nous disons que les triangles ABC, A'B'C' sont semblables.

Pour le prouver, prenons sur AB une ligne AM égale à A'B', puis, tirons MR parallèle à BC. Les deux triangles ABC, AMR seront semblables, d'après la proposition précédente; or, nous disons que le triangle AMR est égal à A'B'C', en effet, AM = A'B' par construction, A = A' par hypothèse, et de plus, x = B', car x = B comme correspondant, et B = B' par hypothèse. Donc, les deux triangles AMR, A'B'C' ont un côté égal compris entre deux angles égaux chacun à chacun, donc ils sont égaux (67.); or, le triangle AMR est semblable au triangle ABC, donc A'B'C' lui est aussi semblable.

109. *Corollaires.* — Il suit de cette proposition : 1° *Que des triangles qui ont leurs côtés parallèles chacun à chacun sont semblables.* Ainsi, supposons que dans les trois triangles ABC, A'B'C', A''B''C'' (*fig.* 63), les lignes marquées des mêmes lettres soient respectivement parallèles; alors il sera facile de voir que les angles marqués des mêmes lettres doivent être égaux, comme ayant leurs côtés parallèles et leurs ouvertures tournées du même côté ou en sens inverse (54.).

2° Il suit encore de cette proposition que *deux triangles sont semblables lorsque les trois côtés de l'un sont respectivement perpendiculaires aux trois côtés de l'autre.* Supposons en effet que dans la figure 64, les trois côtés A′B′, A′C′, B′C′ soient respectivement perpendiculaires aux trois côtés AB, AC, BC. Si l'on suppose que l'on fasse tourner le triangle A′B′C′ autour du point A′ de manière que chacune des deux lignes A′B′, A′C′ vienne dans une position A′B″, A′C″, perpendiculaire à sa position première, les côtés de l'angle A′ deviendront parallèles aux côtés de l'angle A et les ouvertures de ces deux angles seront tournées du même côté : donc ils seront égaux. On prouverait absolument de la même manière que les angles B et C sont respectivement égaux aux angles B′ et C′ : donc les triangles ABC, A′B′C′ ont leurs angles égaux chacun à chacun, donc ils sont semblables.

TROISIÈME PROPOSITION.

110. Deux triangles sont semblables lorsqu'ils ont un angle égal compris entre deux côtés homologues proportionnels.

Démonstration. — En effet, supposons que dans les triangles de la figure 62 on ait A = A′, et qu'on ait de plus la proportion

$$AB : A'B' :: AC : A'C',$$

nous disons que ces deux triangles sont semblables. Pour le prouver, prenons les lignes AM, AR, respectivement égales aux côtés A′B′, A′C′, et tirons la ligne MR. Le triangle AMR sera égal à A′B′C′ comme ayant un angle égal compris entre deux côtés égaux (68.). Reste à prouver que les deux triangles ABC, AMR sont semblables; pour cela, observons que les lignes AM, AR étant respectivement égales aux lignes A′B′, A′C′, la proportion précédente peut se changer en la suivante :

$$AB : AM :: AC : AR;$$

donc la ligne MR partage les deux côtés AB, AC en parties proportionnelles; donc (107.) le triangle ABC est semblable au triangle AMR, lequel est égal à A′B′C′; donc les triangles ABC, A′B′C′ sont semblables.

QUATRIÈME PROPOSITON.

111. Deux triangles sont semblables lorsque les trois côtés de l'un sont proportionnels aux trois côtés de l'autre.

Démonstration. — Supposons que, dans les triangles de la figure 62, on ait la proportion

(1) AB : A'B' :: AC : A'C' :: BC : B'C',

nous disons que ces deux triangles sont semblables. Pour le prouver, prenons AM = A'B', AR = A'C', et tirons MR, les deux premiers rapports de la suite (1) pourront se changer dans la proportion

AB : AM :: AC : AR;

donc les côtés AB, AC seront coupés en parties proportionnelles; donc les triangles ABC, AMR seront semblables (107.). Reste à prouver que AMR est égal à A'B'C'. Pour cela, observons qu'on a déjà AM = A'B' par construction, AR = A'C' pour la même raison; nous disons de plus que MR = B'C' : en effet, les deux triangles ABC, AMR étant semblables, on a la suite de rapports égaux

(2) AB : AM :: AC : AR :: BC : MR.

Si l'on compare cette suite à la précédente (1), on verra que les cinq premiers termes sont égaux; donc, puisqu'il y a proportion, les sixièmes termes doivent l'être; donc MR = B'C'; donc les deux triangles A'B'C', AMR ont leurs trois côtés égaux chacun à chacun, et sont par conséquent égaux (66.); donc A'B'C' est semblable à ABC.

112. Ce qui précède renferme les propositions que nous voulions établir relativement à la similitude des triangles; ces propositions réunies à quelques-unes de celles qui précèdent vont nous donner le moyen de résoudre un certain nombre de problèmes.

PREMIER PROBLÈME.

113. Trouver une quatrième proportionnelle à trois lignes données, M, N, S (*fig*. 65).

Nota. — On appelle quatrième proportionnelle à trois lignes données M, N, S, une quatrième ligne X telle qu'on a la proportion M : N :: S : X.

Solution. — Les propositions précédentes fournissent plusieurs moyens de résoudre ce problème.

Premier moyen. — Tirez deux lignes AR, AT, faisant un angle quelconque A ; sur ces lignes, prenez AB = M, AC = N, AD = S ; tirez BD, et par le point C, tirez une parallèle à BD, la ligne AE sera la quatrième proportionnelle. En effet, d'après la proposition du nº 102, on a la proportion

AB : AC :: AD : AE,

c'est-à-dire, M : N :: S : X,

en appelant X la quatrième proportionnelle aux trois lignes MN et S.

Deuxième moyen. — Sur les côtés de l'angle A (*fig.* 66), prenez AB = M, BF = N, AD = S; cela fait, tirez BD et, par le point F, tirez FG parallèle à BD; DG sera la ligne demandée. En effet, on a la proportion

AB : BF :: AD : DG,

c'est-à-dire, M : N :: S : X.

Troisième moyen. — Sur les côtés de l'angle A (*fig.* 67), prenez AB = M, AH = N; du point B, et d'une ouverture de compas égale à S, marquez sur AT un point O tel que l'on ait BO = S, et tirez BO; puis, par le point H tirez HK parallèle à BO; HK sera la ligne demandée. En effet, les deux triangles ABO, AHK seront semblables, et l'on aura

AB : AH :: BO : HK,

c'est-à-dire, M : N :: S : X.

DEUXIÈME PROBLÈME.

114. Deux lignes M et N étant données, trouver une troisième proportionnelle à ces deux lignes (*fig.* 68).

Nota. — On appelle troisième proportionnelle à deux lignes M et N, une troisième ligne X, telle qu'on a M : N :: N : X.

Solution. — Ce problème est le même que le problème précédent, si l'on suppose que les deux lignes N et S du problème précédent sont égales.

TROISIÈME PROBLÈME.

115. Diviser une ligne MN (*fig.* 69.) en parties proportionnelles aux parties RX, XY, YZ, ZS, d'une autre ligne RS.

Solution. — Pour résoudre ce problème, tirez une ligne indéfinie MT faisant un angle quelconque avec MN; sur cette ligne prenez des parties MA, AB, BC, CD égales aux parties RX, XY, XZ, ZS; joignez le point D avec le point N, et tirez les lignes CG,

BF, AE, parallèles à DN; la ligne MN sera alors divisée en parties proportionnelles aux parties de MD, et, par conséquent, aux parties de RS.

QUATRIÈME PROBLÈME.

116. Diviser une ligne donnée MN (*fig.* 70) en un certain nombre de parties égales, par exemple en 7 parties égales.

Solution. — Pour résoudre ce problème, tirez une ligne MT faisant un angle quelconque avec MN; marquez avec un compas sept parties égales MA, AB, BC, CD, DE, EF, FG; joignez le point G au point N et tirez les lignes AH, BI, CK, DL, EO, FP parallèles à GN. La ligne MN sera partagée comme MG, et, par conséquent, en sept parties égales.

117. *Nota.* — On appelle en Géométrie, *échelle*, une ligne divisée en parties égales et servant à mesurer les autres lignes. On conçoit, en effet, que si on a une ligne AB (*fig.* 71) divisée en parties égales et connues, il suffira de porter une autre ligne CD sur la première pour savoir quelle est la valeur de la ligne CD, c'est-à-dire pour savoir combien elle renferme de parties de AB. On peut évidemment employer le procédé précédent pour construire une échelle, mais l'imperfection de nos sens et des instruments ne permet pas de pousser bien loin les divisions d'une ligne donnée. Voici un procédé que l'on emploie pour les pousser plus loin qu'on ne pourrait le faire par celui que nous venons d'indiquer.

Soit proposé de diviser une ligne donnée AB (*fig.* 72) en cent parties égales, ou plutôt d'obtenir des centièmes de la ligne AB. Pour cela, élevez sur AB deux perpendiculaires AC, BD de même longueur, et tirez CD. La ligne CD sera parallèle et égale à AB (57.). Divisez AC en dix parties égales, et, par les points de division, tirez des lignes parallèles à AB, et, par conséquent, parallèles entre elles et aussi à CD; divisez aussi AB et CD en dix parties égales, et joignez les points de division comme le représente la figure, ces nouvelles lignes seront parallèles entre elles et chacune des parties telles que MN, par exemple, sera égale à un dixième de AB, ou à dix centièmes de AB; de plus, il est facile de voir que la partie XY sera égale à un centième de AB : en effet, les deux triangles AXY, ACS sont semblables, puisque XY est parallèle à CS; donc on a la proportion

$$AX : AC :: XY : CS;$$

or, AX est un dixième de AC, par conséquent XY est un dixième de CS, ou un centième de CD, ou, ce qui est la même chose, un centième de AB. On prouverait de la même manière que ZT vaut les deux centièmes, OP les trois centièmes, QR les six centièmes de AB. Donc on pourra, au moyen de cette échelle, avoir les centièmes de AB depuis un jusqu'à cent. Veut-on avoir, par exemple, huit centièmes, on prendra la longueur comprise entre les deux points E et F. Veut-on avoir soixante-huit centièmes, on prendra la longueur comprise entre les points E et G, et ainsi de suite. Les numéros placés le long de AB et de AC servent à indiquer tout d'un coup quelle ligne il faut prendre pour avoir une longueur renfermant un certain nombre de centièmes de AB : c'est ainsi que, pour avoir soixante-huit centièmes de AB, nous avons dit qu'on devait prendre la distance du point G (situé sur la ligne correspondante au n° 60) au point E (correspondant à la ligne horizontale marquée du n° 8).

Une échelle construite comme celle dont nous venons de parler, porte le nom d'échelle de transversales.

118. *Nota.* — Nous avons dit, dans ce qui précède, que les lignes tirées des divisions de la ligne AB aux divisions de la ligne CD sont parallèles; mais nous ne l'avons pas prouvé, et l'on peut en exiger une démonstration. Prouvons donc que deux de ces lignes HK et IL, par exemple, sont parallèles. Pour cela, tirons la ligne IK, nous aurons les deux triangles HIK, IKL qui seront égaux. En effet, les deux côtés HI et KL sont égaux comme étant chacun la dixième partie des deux lignes AB, CD qui sont égales; le côté IK est commun aux deux triangles; enfin les deux angles HIK et IKL sont égaux comme alternes-internes (puisque les deux lignes AB et CD sont parallèles, et que IK peut être considéré comme faisant partie d'une sécante). Donc les deux triangles HIK, IKL ont un angle égal compris entre deux côtés égaux, donc ils sont égaux; donc l'angle HKI opposé au côté HI est égal à l'angle LIK opposé au côté KL; donc enfin (49.) les deux lignes HK et IL sont parallèles. On démontrerait de la même manière le parallélisme des autres lignes tirées des divisions de AB aux divisions de CD.

CINQUIÈME PROBLÈME.

119. Par un point A (*fig.* 72 *bis*) pris dans l'angle MCN, tirer la ligne BD de manière que les parties AB, AD, comprises entre le point A et les deux côtés de l'angle soient égales.

Solution. — Par le point A menez AE parallèle à CD, prenez

BE = CE, et par les points B et A tirez BAD, qui sera la ligne demandée. En effet, AE étant parallèle à CD, on a BE : EC :: BA : AD ; or, BE = EC ; donc BA = AD.

SIXIÈME PROBLÈME.

120. Un triangle ABC étant donné (*fig.* 73), construire sur une ligne A'C' un triangle semblable dans lequel le côté A'C' soit homologue de AC, en employant à cette construction — 1° les deux angles adjacents au côté AC ; — 2° l'angle C et les deux côtés qui le forment ; — 3° les trois côtés du triangle ABC.

Solution. — 1° Pour résoudre le problème proposé en employant les deux angles adjacents au côté AC, tirez deux lignes A'X, C'Y, de manière que les angles A' et C' soient égaux aux angles A et C ; ces deux lignes se couperont quelque part en B', et le triangle A'B'C' sera le triangle demandé. En effet, les deux angles A' et C' étant égaux aux angles A et C, les deux triangles ABC et A'B'C' sont semblables (**108.**), et de plus, le côté A'C' est l'homologue de AC ;

2° Pour résoudre le même problème en employant l'angle C et les deux côtés qui le forment, par le point C' tirez une ligne indéfinie C'Y qui fasse avec C'A' un angle égal à l'angle C, et prenez sur cette ligne une longueur C'B', qui soit une quatrième proportionnelle aux trois lignes AC, A'C', CB [nous avons appris plus haut à trouver cette quatrième proportionnelle (**113.**)]. En joignant le point B' au point A', vous aurez le triangle demandé. En effet, A'C'B' est semblable à ABC, puisque ces deux triangles ont un angle égal C et C' compris entre deux côtés proportionnels (**110.**), car

on a la proportion AC : A'C' :: CB : C'B' ;

3° Enfin, pour résoudre le problème proposé en employant les trois côtés du triangle ABC, déterminez d'abord une ligne A'B' qui soit une quatrième proportionnelle aux trois lignes AC, A'C', AB ; déterminez encore une ligne B'C' qui soit une quatrième proportionnelle aux lignes AC, A'C', BC ; construisez avec ces trois lignes A'C', A'B', B'C' le triangle A'B'C' (**71.**), et ce triangle sera semblable au triangle ABC. En effet, les côtés A'B', B'C' ayant été déterminés comme nous l'avons dit, on a les proportions

AC : A'C' :: AB : A'B',
AC : A'C' :: BC : B'C',
d'où, AC : A'C' :: AB : A'B' :: BC : B'C' ;

donc les deux triangles ABC, A'B'C' ont leurs côtés homologues proportionnels et sont par conséquent semblables (111.).

121. *Nota.* — Lorsqu'on se propose seulement de construire un triangle semblable à un triangle donné, et que les côtés de ce triangle donné sont exprimés par des nombres, qu'on a, par exemple, AB = 150 mètres, AC = 200 mètres, BC = 169 mètres, il suffit de prendre sur une échelle 150 parties pour représenter le côté AB, 200 pour représenter AC, 169 pour représenter BC, et de construire le triangle que l'on demande en employant ces longueurs.

122. La théorie des triangles semblables sert à résoudre quelques problèmes assez intéressants, nous allons en exposer quelques-uns.

SEPTIÈME PROBLÈME.

123. Soit proposé de mesurer sur le terrain la distance d'un point B (*fig.* 74) à un point A dont on ne peut approcher.

Solution. — Pour résoudre ce problème, prenez une ligne BC d'une longueur déterminée, de 150 mètres, par exemple. Au moyen du graphomètre (94.), mesurez les angles B et C; puis prenez sur une échelle une ligne B'C' qui renferme 150 parties de l'échelle et faites des angles B' et C' égaux aux angles B et C, le triangle A'B'C' sera semblable au triangle ABC; donc la ligne AB renfermera autant de mètres que la ligne A'B' renferme de divisions de l'échelle. Il suffira donc de mesurer A'B' sur l'échelle, pour savoir quelle est la longueur de AB.

HUITIÈME PROBLÈME.

124. Mesurer la distance de deux points X, Y (*fig.* 75), dont on ne peut approcher.

Solution. — Du point C, où l'on se trouve, supposez les lignes CX, CY, et mesurez-les d'après le procédé que nous venons de donner. Soit CX = 200 mètres et CY = 240 mètres. Au moyen du graphomètre mesurez l'angle C. Cela posé, faites sur le papier un angle C' égal à C, et prenez la ligne C'X' de 200 divisions de l'échelle, et la ligne C'Y' de 240 divisions; ces lignes seront proportionnelles aux deux lignes CX, CY; donc les deux triangles CXY, C'X'Y' seront semblables. Donc la ligne X'Y' renfermera autant de divisions de l'échelle que XY renferme de mètres. Donc on connaîtra la longueur de XY en portant X'Y' sur l'échelle.

NEUVIÈME PROBLÈME.

125. Mesurer la hauteur AM d'un édifice (*fig.* 75).

Solution. — Prenez sur le terrain une ligne AB d'une longueur donnée, 50 mètres, par exemple; portez le graphomètre au point B et dirigez le diamètre fixe horizontalement vers un point D de l'édifice; mesurez ensuite l'angle C; l'édifice étant supposé vertical, l'angle D est droit. Ainsi, dans le triangle MDC, vous connaîtrez le côté DC qui est de 50 mètres, et les angles D et C : cela suffira pour construire, au moyen d'une échelle, un triangle semblable au triangle MDC qui fera connaître la valeur de MD; en y ajoutant AD, qui est la hauteur du graphomètre, vous aurez la hauteur de l'édifice.

---

126. Le chapitre quatrième est terminé. Avant de passer au suivant, nous allons faire connaître les relations qui existent entre les côtés d'un triangle. Les propositions qui expriment ces relations auraient dû, comme nous l'avons dit (81.), trouver leur place dans le chapitre précédent, mais nous ne pouvions les démontrer alors. Voici ces propositions, dont la première sert de préliminaire nécessaire aux trois autres.

PREMIÈRE PROPOSITION.

127. Si du sommet de l'angle droit d'un triangle rectangle on abaisse une perpendiculaire sur l'hypoténuse : — 1° Les deux triangles qui en résulteront seront chacun semblables au grand triangle, et, par conséquent, ils seront semblables entre eux; — 2° chaque côté de l'angle droit du grand triangle sera moyen proportionnel (1) entre le segment de l'hypoténuse qui lui est adjacent, et l'hypoténuse entière; 3° la perpendiculaire sera moyenne proportionnelle entre les deux segments de l'hypoténuse.

Démonstration. — Soit le triangle ABC rectangle en B (*fig.* 77), et soit BD perpendiculaire sur AC. (Pour plus de simplicité nous désignerons par B l'angle total ABC, par a et c les angles CBD, ABD; par b et b' les angles droits ADB, CDB). Nous disons donc que :

1° *Le grand triangle est partagé en deux triangles qui lui sont*

(1) Une moyenne proportionnelle entre deux quantités A et B est une quantité C, telle que l'on a A : C :: C : B.

chacun semblables, et qui sont par conséquent semblables entre eux. En effet, pour le triangle ABD, par exemple, on voit que : 1° il est rectangle en b comme le triangle ABC; 2° l'angle A est commun aux deux triangles; donc ces deux triangles ont deux angles égaux; donc ils sont semblables. On prouverait de la même manière, que le triangle BCD est semblable à ABC; mais les deux ABD, BCD ne peuvent pas être semblables au triangle total ABC, sans être semblables entre eux; donc la première partie de notre proposition est démontrée. — (Remarquez que dans la figure, les angles marqués des mêmes lettres sont des angles égaux; ainsi c, par exemple, égale C; en effet, dans le grand triangle, l'angle C est égal à deux angles droits, diminués de $B + A$ (80.), ou plutôt à un angle droit moins A; de même, dans le triangle ABD; l'angle c est égal à deux angles droits diminués de $b + A$, ou plutôt à un angle droit moins A; donc $c = C$. On verrait de même que $a = A$.)

2° *Chaque côté de l'angle droit du grand triangle est moyen proportionnel entre le segment de l'hypoténuse qui lui est adjacent et l'hypoténuse entière.* En effet, si l'on considère les triangles ABC, ABD, on verra que les côtés AC et AB opposés aux angles B et C, dans le grand triangle, sont homologues des côtés AB et AD opposés aux angles b et c dans le petit triangle, et l'on aura la proportion

$$AC : AB :: AB : AD.$$

De même, si l'on considère les triangles ABC et BDC, on verra que les côtés AC et BC opposés aux angles B et A dans le grand triangle sont homologues des côtés BC et DC opposés aux angles b' et a dans l'autre triangle, et l'on aura encore la proportion

$$AC : BC :: BC : DC;$$

donc chaque côté de l'angle droit dans le triangle ABC est moyen proportionnel entre l'hypoténuse entière AC et le segment de l'hypoténuse qui est adjacent à ce côté;

3° *La perpendiculaire* BD *est moyenne proportionnelle entre les deux segments* AD, DC *de l'hypoténuse.* En effet, dans les deux triangles ABD et BDC, les côtés AD et BD, opposés aux angles c et A, sont homologues des côtés BD et DC, opposés aux angles C et a; on peut donc établir la proportion

$$AD : BD :: BD : DC,$$

proportion qui exprime la proposition à prouver.

DEUXIÈME PROPOSITION.

128. **Dans un triangle rectangle, la seconde puissance du nombre qui représente l'hypoténuse est égale à la somme des secondes puissances des nombres qui représentent les autres côtés, ou, plus simplement, le carré de l'hypoténuse est égal à la somme des carrés des deux autres côtés, de manière que l'on a $\overline{AC}^2 = \overline{AB}^2 + \overline{BC}^2$ (*fig.* 77).**

Démonstration. — En effet, nous avons vu dans la proposition précédente, que l'on a les deux proportions

$$AC : AB :: AB : AD,$$
$$AC : BC :: BC : DC.$$

Cela posé, puisque dans une proportion le produit des moyens est égal au produit des extrêmes (ARITH. 231.), on peut, des deux proportions précédentes, déduire

$$AC \times AD = \overline{AB}^2, \qquad AC \times DC = \overline{BC}^2.$$

En ajoutant ces deux équations membre à membre, on aura

$$AC \times AD + AC \times DC = \overline{AB}^2 + \overline{BC}^2;$$

mais $AC \times AD + AC \times DC$ est la même chose que $AC \times (AD + DC)$, ou bien $AC \times AC$, ou bien enfin, $\overline{AC}^2$; donc, en substituant au premier membre de l'équation précédente $\overline{AC}^2$, on aura

$$\overline{AC}^2 = \overline{AB}^2 + \overline{BC}^2,$$

équation qui exprime la proposition à démontrer.

129. *Nota.* — Nous avons dit, dans l'énoncé de la proposition précédente : *la seconde puissance du nombre qui représente*, etc. Pour bien comprendre cette expression, il faut savoir que les proportions jusqu'ici établies, depuis que nous avons commencé à parler des lignes proportionnelles, peuvent être considérées comme existant, soit entre les lignes elles-mêmes, soit entre les nombres qui représentent ces lignes mesurées avec *une même unité*, car ces nombres sont entre eux comme les lignes elles-mêmes. Mais quand on passe d'une proportion à l'équation qui exprime que le produit des extrêmes est égal au produit des moyens, comme nous l'avons fait ici, cette équation n'existe qu'entre les nombres qui représentent les lignes mesurées avec une même unité; car *une ligne ne peut pas être multipliée par une ligne*, et ces expressions n'ont pas de sens, en

les prenant à la rigueur : on les emploie cependant, et nous les emploierons nous-mêmes souvent; mais, toutes les fois que nous parlerons du produit de deux ou plusieurs lignes, nous entendrons le produit des nombres qui représentent ces lignes. Ainsi, le sens de notre proposition est que *si on mesure avec une même unité les trois côtés d'un triangle rectangle, et qu'on fasse la seconde puissance des trois nombres trouvés, celle du nombre correspondant à l'hypoténuse égalera la somme des deux autres.*

Ce que nous venons de dire du sens de ces mots : *produit de deux lignes*, doit s'étendre aussi à ces autres : *quotient de deux lignes, puissances, racines d'une ligne*, et toutes les fois que nous emploierons ces expressions il s'agira toujours du quotient, des puissances, ou des racines des nombres qui représentent ces lignes.

130. *Corollaire.* — On déduit de ce qui précède un moyen bien simple de trouver un côté d'un triangle rectangle lorsqu'on connaît les deux autres. En effet, en reprenant l'équation

$$\overline{AC}^2 = \overline{AB}^2 + \overline{BC}^2,$$

et en retranchant des deux membres $\overline{BC}^2$, on aura

$$\overline{AC}^2 - \overline{BC}^2 = \overline{AB}^2.$$

Si maintenant on prend la racine carrée des deux membres de ces équations, on en déduira

$$AC = \sqrt{\overline{AB}^2 + \overline{BC}^2}, \qquad AB = \sqrt{\overline{AC}^2 - \overline{BC}^2};$$

d'où l'on voit que, *pour avoir l'hypoténuse d'un triangle rectangle, lorsqu'on connaît les deux côtés de l'angle droit, il faut faire les carrés de ces côtés, ajouter ces carrés et extraire la racine carrée de la somme trouvée; et, pour avoir un côté de l'angle droit, connaissant les deux autres côtés du triangle, il faut retrancher du carré de l'hypoténuse le carré de l'autre côté, et extraire la racine carrée du reste donné par cette soustraction.*

131. *Autre corollaire.* — On appelle *carré*, en Géométrie (*fig.* 78), un espace terminé par quatre lignes droites égales et perpendiculaires deux à deux. On appelle *diagonale* du carré une ligne AC allant du sommet d'un angle au sommet de l'angle opposé. Or, une conséquence de la proposition précédente, c'est que *la diagonale et les côtés du carré sont incommensurables*, ou n'ont pas de commune

mesure. En effet, d'après la proposition précédente, nous aurons, dans le triangle ABC de la figure 78,

$$\overline{AC}^2 = \overline{AB}^2 + \overline{BC}^2;$$

mais comme BC est égal à AB, nous pouvons écrire à la place de l'équation précédente

$$\overline{AC}^2 = 2\overline{AB}^2; \text{ d'où l'on déduit } \frac{\overline{AC}^2}{\overline{AB}^2} = 2,$$

et, en extrayant les racines carrées des deux membres de cette équation,

$$\frac{AC}{AB} = \sqrt{2}.$$

Or, nous avons vu dans l'Arithmétique (Arith. 307), que $\sqrt{2}$ ne peut pas s'obtenir exactement; donc on ne peut pas assigner le rapport exact de la diagonale au côté du carré, donc ces deux lignes n'ont pas de commune mesure, car, si elles en avait, étant mesurées avec cette commune mesure, on aurait en nombre une expression exacte de leur valeur, et, par conséquent, on pourrait avoir leur rapport. (91.)

De l'équation précédente, il est facile de tirer

$$AC = AB \times \sqrt{2} \quad \text{et} \quad AB = \frac{AC}{\sqrt{2}};$$

ce qui fait voir que quand on aura le côté d'un carré, on en trouvera la diagonale en le multipliant par $\sqrt{2}$; et, quand on aura la diagonale, on trouvera le côté du carré en la divisant par $\sqrt{2}$.

132. *Nota.* — On pourrait, dans une première étude de ce Traité, passer sans inconvénient les deux propositions suivantes.

TROISIÈME PROPOSITION.

133. Dans un triangle quelconque, si, de l'extrémité d'un des côtés d'un angle aigu, on abaisse une perpendiculaire sur l'autre côté de cet angle, le carré du côté qui lui est opposé sera égal à la somme des carrés des deux autres côtés, moins deux fois le produit du côté sur lequel tombe la perpendiculaire par la distance du pied de cette perpendiculaire au sommet de l'angle aigu.

Démonstration. — Supposons l'angle C (*fig.* 79) aigu dans le triangle ABC, et soit BD perpendiculaire sur AC, nous disons qu'on aura $\overline{AB}^2 = \overline{AC}^2 + \overline{BC}^2 - 2AC \times DC$.

En effet, la ligne BD étant perpendiculaire sur AC, les deux triangles ABD, BDC, sont rectangles, et l'on a, d'après ce qui précède,

$$\overline{AB}^2 = \overline{AD}^2 + \overline{BD}^2, \qquad \overline{BD}^2 = \overline{BC}^2 - \overline{DC}^2.$$

En mettant dans la première équation, à la place de $\overline{BD}^2$, sa valeur donnée par la seconde, on aura

$$\overline{AB}^2 = \overline{AD}^2 + \overline{BC}^2 - \overline{DC}^2;$$

mais $AD = AC - DC$, et, par conséquent, $\overline{AD}^2 = (AC - DC)^2$: donc, en effectuant l'opération indiquée dans le second membre de cette dernière équation, on aura

$$\overline{AD}^2 = \overline{AC}^2 - 2AC \times DC + \overline{DC}^2;$$

et, en mettant cette valeur de $\overline{AD}^2$ dans l'équation précédente qui donne la valeur de $\overline{AB}^2$, on en déduira

$$\overline{AB}^2 = \overline{AC}^2 - 2AC \times DC + \overline{DC}^2 + \overline{BC}^2 - \overline{DC}^2;$$

puis, en remarquant que $+\overline{DC}^2 - \overline{DC}^2$ se réduit à zéro, et en faisant passer le terme $\overline{BC}^2$ immédiatement après $\overline{AC}^2$, on aura

$$\overline{AB}^2 = \overline{AC}^2 + \overline{BC}^2 - 2AC \times DC;$$

ce qu'il fallait prouver.

QUATRIÈME PROPOSITION.

134. Dans un triangle qui a un angle obtus, si, de l'extrémité d'un côté de cet angle, on abaisse une perpendiculaire sur le prolongement de l'autre côté, le carré du côté qui est opposé à l'angle obtus sera égal à la somme des carrés des deux autres côtés, plus deux fois le produit du côté sur le prolongement duquel tombe la perpendiculaire par la distance du pied de cette perpendiculaire au sommet de l'angle obtus.

Démonstration. — Supposons l'angle ACB (*fig.* 80) obtus dans le triangle ABC, et soit BD perpendiculaire sur AC, nous disons qu'on aura $\overline{AB}^2 = \overline{AC}^2 + \overline{BC}^2 + 2AC \times DC$.

En effet, la ligne BD étant perpendiculaire sur AC, les deux triangles ABD, BDC, sont rectangles, et l'on a, comme dans la proposition précédente,

$$\overline{AB}^2 = \overline{AD}^2 + \overline{BD}^2, \qquad \overline{BD}^2 = \overline{BC}^2 - \overline{DC}^2.$$

En mettant dans la première équation, à la place de $\overline{BD}^2$, sa valeur donnée par la seconde, on aura

$$\overline{AB}^2 = \overline{AD}^2 + \overline{BC}^2 - \overline{DC}^2;$$

mais AD = AC + DC, et, par conséquent, $\overline{AD}^2 = (AC + DC)^2$: donc, en faisant le carré de AC + DC, on aura

$$\overline{AD}^2 = \overline{AC}^2 + 2AC \times DC + \overline{DC}^2.$$

En mettant cette valeur de $\overline{AD}^2$ dans l'équation précédente qui donne la valeur de $\overline{AB}^2$, on aura

$$\overline{AB}^2 = \overline{AC}^2 + 2AC \times DC + \overline{DC}^2 + \overline{BC}^2 - \overline{DC}^2,$$

ou bien, en remarquant que $+ \overline{DC}^2 - \overline{DC}^2$ se réduit à zéro, et, en faisant passer le terme $\overline{BC}^2$ immédiatement après $\overline{AC}^2$, on aura

$$\overline{AB}^2 = \overline{AC}^2 + \overline{BC}^2 + 2AC \times DC;$$

ce qu'il fallait prouver.

CHAPITRE VI.

DU CERCLE, DE LA CIRCONFÉRENCE. — DE LA MESURE DES ANGLES PAR DES ARCS DE CIRCONFÉRENCE. — DES LIGNES QUI SE COUPENT DANS LE CERCLE.

135. Nous avons déjà dit (6.) ce qu'on appelle *circonférence*, *cercle*, *arc*, *rayon*, *diamètre* d'un cercle, ajoutons aux définitions déjà données les suivantes :

On appelle *corde* toute ligne droite, telle que MN (*fig.* 81), qui se termine à deux points d'une circonférence. L'arc MN, aux extrémités duquel aboutit la corde, est dit *sous-tendu* par cette corde. On voit qu'une corde MN dans un cercle sous-tend toujours deux arcs, savoir : MXN, MAVBN. Cependant, quand on parle de l'arc *sous-tendu* par une corde, c'est toujours du plus petit que l'on parle, à moins qu'on n'exprime le contraire. Une *sécante* est une ligne telle que ST, qui coupe en deux parties le cercle et se prolonge au-delà.

Une *tangente* est une ligne telle que OP, qui touche la circonférence en un point seulement. Le point V où la tangente touche la circonférence s'appelle le *point de tangence*.

Ces définitions bien comprises, voici les propositions qui établissent, sur le cercle et la circonférence, les propriétés les plus utiles à connaître.

PREMIÈRE PROPOSITION.

136. Les cercles qui ont des rayons égaux sont égaux.

Démonstration. — Soient les deux cercles de la figure 82, et supposons que CB = MN. Si l'on porte les deux cercles l'un sur l'autre de manière que les centres C et M coïncident, tous les points de la première circonférence devront coïncider avec ceux de la seconde, car autrement ils ne seraient pas tous à la même distance du centre, ce qui doit être, d'après l'hypothèse que CB = MN, et d'après la définition de la circonférence (6.).

DEUXIÈME PROPOSITION.

137. Tout diamètre AB (*fig.* 82) partage le cercle et la circonférence en deux parties égales.

Démonstration. — En effet, si l'on replie la figure de manière que AB soit le pli, la partie AEB devra coïncider parfaitement avec AFB, autrement tous les points de la circonférence ne seraient pas à égales distances du centre C.

TROISIÈME PROPOSITION.

138. Dans un même cercle ou dans des cercles égaux, les arcs égaux sont sous-tendus par des cordes égales.

Démonstration. — Supposons les arcs BD et BC (*fig.* 83) égaux, nous disons que les cordes BD et BC sont égales.

Pour le prouver, tirons trois rayons AD, AB, AC, nous aurons deux triangles dans lesquels l'angle x est égal à l'angle y, comme ayant pour mesure, le premier, l'arc BD, et le second l'arc BC égal à BD (92.); de plus, les côtés qui forment l'angle x sont égaux aux côtés qui forment l'angle y comme rayons de même cercle; donc les deux triangles ABD, ABC sont égaux (68.), donc le côté BD, opposé à l'angle x, est égal au côté BC opposé à l'angle y, ce qu'il fallait prouver.

La démonstration serait évidemment la même si les arcs égaux

BD, BC, avaient été pris dans des cercles différents, mais ayant des rayons égaux.

139. *Nota.* — La réciproque de cette proposition est évidente, c'est-à-dire : *Si les cordes* BD *et* BC *sont égales, les arcs sous-tendus par ces cordes sont égaux*, car alors, les deux triangles ABD, ABC sont égaux, comme ayant leurs trois côtés égaux chacun à chacun, par conséquent les angles x et y opposés aux côtés BD et BC, sont égaux, et, par conséquent aussi, l'égalité existe entre les arcs BD, BC, qui mesurent ces angles (92.).

QUATRIÈME PROPOSITION.

140. Dans un même cercle ou dans des cercles égaux, une plus grande corde sous-tend toujours un plus grand arc.

Démonstration. — Soit l'arc ABD (*fig.* 84) plus grand que l'arc AB, nous disons que la corde AD sera plus grande que la corde AB.

Pour le prouver, tirons les rayons CB, CD, nous aurons

$$AE + BE > AB,$$
$$ED + EC > CD;$$

en ajoutant membre à membre ces deux inégalités, nous aurons

$$AE + ED + BE + EC > AB + CD,$$

ou bien,

$$AD + BC > AB + CD.$$

Mais des deux membres de cette inégalité on peut retrancher CD et BC, qui sont deux quantités égales; on aura ainsi

$$AD > AB;$$

ce qu'il fallait prouver.

141. *Nota* 1° — Cette proposition suppose que les arcs dont il s'agit ne sont pas plus grands qu'une demi-circonférence, car, s'il en était autrement, ce serait la proposition inverse qui aurait lieu.

142. *Nota* 2° — La réciproque de la proposition précédente est trop facile à prouver pour nous y arrêter.

CINQUIÈME PROPOSITION.

143. Toute perpendiculaire MN (*fig.* 85), élevée à l'extrémité D d'un rayon CD, est tangente à la circonférence ADBS.

Démonstration. — En effet, puisque CD est perpendiculaire à MN, tout point de MN tel que B, par exemple, est plus loin du centre C que le point D (31.), donc il est au-delà de la circonférence ADES, donc le point D est le seul point commun à la ligne MN et à la circonférence ADES ; donc MN est tangente à cette circonférence.

SIXIÈME PROPOSITION (*réciproque de la précédente*).

144. Réciproquement, si la ligne MN est tangente à la circonférence ADES au point D, elle sera perpendiculaire à l'extrémité du rayon CD.

Démonstration. — En effet, MN étant tangente à la circonférence, tous ses points sont plus loin du centre que le point D, donc CD est la plus courte ligne que l'on puisse mener du point C à la ligne MN, donc CD est perpendiculaire sur MN (31.).

145. *Corollaires.* — Il suit de là : 1° que *si l'on mène deux tangentes* MN, TV, *aux extrémités d'un même diamètre, ces tangentes seront parallèles*, car elles seront perpendiculaires sur une même ligne droite (44.).

146. 2° De là suit encore la résolution du problème suivant : *Par un point* D, *pris sur une circonférence, tirer une tangente à cette circonférence*, car il suffit pour cela de tirer un rayon CD et de faire MN perpendiculaire à CD au point D.

SEPTIÈME PROPOSITION.

147. Toute ligne DC (*fig.* 86), perpendiculaire sur le milieu d'une corde MN, passe par le centre du cercle et par le milieu de l'arc sous-tendu par la corde.

Démonstration. — En effet la ligne DC, étant perpendiculaire sur le milieu de la corde MN, doit passer, en la prolongeant convenablement, par tous les points également éloignés de M et de N, et par ceux-là seulement (36.). Donc elle passera par le centre C qui est à égale distance de M et de N ; donc aussi le point D où elle coupera l'arc MN, sera à égale distance de M et de N, et, par conséquent, les cordes MD, ND seront égales, ce qui exige que le point D partage l'arc MN en deux parties égales (139.).

148. *Corollaires.* — Comme une ligne droite est complètement déterminée par la condition de passer par deux points, ou bien par la condition de passer par un point et d'être perpendiculaire sur une ligne donnée, il suit de ce qui précède que

1° *Toute ligne droite qui passe par deux de ces trois points : le centre d'un cercle, le milieu d'un arc et le milieu de la corde qui sous-tend cet arc, passe nécessairement par le troisième, et de plus est perpendiculaire sur le milieu de la corde ;*

2° *Toute ligne qui passe par un de ces deux points : le centre d'un cercle ou le milieu d'un arc, et est perpendiculaire sur la corde qui sous-tend cet arc, passe aussi par l'autre point et par le milieu de la corde.*

HUITIÈME PROPOSITION.

149. Dans une circonférence, les arcs interceptés entre une tangente et une corde parallèles, ou entre deux cordes parallèles, sont égaux.

Démonstration. — Soient (*fig.* 87) AB, ED, MN deux cordes et une tangente parallèles, nous disons que les arcs EO, OD, interceptés entre la corde ED et la tangente MN, seront égaux, et que les arcs AE, DB, interceptés entre les deux cordes ED, AB, sont aussi égaux.

Pour le prouver, par le point de tangence O tirons le rayon CO : il sera perpendiculaire à la tangente MN (144.) et aussi aux cordes ED, AB parallèles à cette tangente (47.); donc, d'après le second corollaire de la proposition précédente, l'arc ED sera partagé au point O en deux parties égales, et l'on aura EO = OD. Par la même raison, on aura AO = BO, et, si l'on retranche membre à membre ces deux équations, on aura AO — EO = BO — DO, ou bien, AE = BD; ce qu'il fallait prouver.

Les propositions précédentes renferment les principes de résolution de quelques problèmes que nous allons faire connaître.

PREMIER PROBLÈME.

150. Par un point pris sur une circonférence, tirer une ligne qui lui soit tangente.

Solution. — Ce problème à déjà été résolu n° 145.

DEUXIÈME PROBLÈME.

151. Partager un arc AB (*fig.* 88.), en 2, 4, 8, 16, etc., parties égales.

Solution. — Pour le partager en deux parties égales, tirez la corde AB et élevez une perpendiculaire MD sur le milieu de la corde, le point D partagera l'arc AB en deux parties égales (147.). On pourra partager ensuite chaque moitié de AB en deux parties égales et l'on aura des quarts; chaque quart en deux parties égales, et l'on aura des huitièmes de AB, et ainsi de suite.

TROISIÈME PROBLÈME.

152. Partager un angle YC X(*fig.* 88) en 2, 4, 8, 16, etc., parties égales.

Solution. — Du sommet C, et d'une ouverture de compas quelconque, décrivez un arc AB entre les côtés de l'angle YCX. Partagez ensuite l'arc AB en 2, 4, 8, 16, etc. parties égales. En joignant les points de division au sommet C, l'angle se trouvera partagé en 2, 4, 8, 16, etc. parties égales (88.).

QUATRIÈME PROBLÈME.

153. Un cercle CSMN (*fig.* 89) ou seulement un arc de cercle étant donné, trouver le centre de ce cercle.

Solution. — La proposition du nº **147** nous fournit le procédé suivant : Sur la circonférence ou sur l'arc du cercle donné prenez deux parties CS, SM, tirez les cordes CS, SM, et élevez des perpendiculaires sur le milieu de ces cordes ; ces perpendiculaires devront passer par le centre du cercle, donc ce centre sera en O, seul point commun à ces deux perpendiculaires.

CINQUIÈME PROBLÈME.

154. Trois points C, S, M (*fig.* 90, 91) étant donnés, faire passer une circonférence par ces trois points, si cela est possible.

Solution. — Puisque la circonférence demandée doit passer par les points C, S, M, les lignes CS, SM seront des cordes de cette circonférence ; par conséquent, les perpendiculaires élevées sur le milieu de ces cordes devront se couper, si le problème est possible, et leur point d'intersection sera le centre du cercle demandé. Reste donc à savoir quand est-ce que ces perpendiculaires se couperont. Or, il est visible qu'elles ne se couperont pas si les trois points C, S, M (*fig.* 90) sont sur une même ligne droite, car alors ces perpendiculaires seront parallèles entre elles (44.) et le problème proposé sera impossible. Mais nous disons qu'elles se couperont si les trois points C, S, M (*fig.* 91), ne sont pas en ligne droite, car en tirant XY, chacun des angles RXY, TYX, sera plus petit qu'un angle droit, donc leur somme ne vaudra pas deux angles droits, donc les lignes XR, YT ne seront pas parallèles (50.). Maintenant il est bien facile de voir que le point O où ces lignes se coupent est à égales distances des trois points C, S, M ; car, puisque la perpendiculaire OX passe par le milieu de CS, si l'on tirait les obliques CO, SO, elles seraient égales ; pour une raison semblable, si l'on tirait sur SM les obliques SO, MO, elles seraient aussi égales. Donc les trois lignes CO, SO, MO seraient égales, et, par conséquent, si l'on prenait une ouverture de compas égale à CO, et que du point O, comme centre, on décrivît une circonférence, cette circonférence passerait par les trois points C, S, M.

155. *Corollaire.* — Le procédé précédent ne donne qu'un seul centre, et même fait voir qu'on ne peut en trouver qu'un seul, donc, *par trois points donnés, on ne peut faire passer qu'une seule circonférence,* ou, en d'autres termes, *deux circonférences qui ont trois points communs se confondent dans toutes leurs parties.*

156. *Autre corollaire.* — *Une ligne droite ne peut jamais couper une circonférence en trois points.*

SIXIÈME PROBLÈME.

157. Décrire un cercle qui touche une ligne MN en un point A et dont la circonférence passe par un autre point B (*fig.* 91 *bis*).

Solution. — Puisque MN doit être tangente par le point A au cercle demandé, si l'on tire AX perpendiculaire sur MN, AX devra passer par le centre de ce cercle (143.); de plus, puisque la circonférence doit passer par le point B, si l'on joint B au point A, la ligne AB sera une corde du même cercle, et si l'on élève une perpendiculaire DY sur le milieu de AB elle devra aussi passer par le centre (147.). Donc, le centre sera au point d'intersection C de AX et DY; et si, avec un rayon égal à AC, on décrit une circonférence, elle passera par le point B, puisque CB = AC, et de plus aura MN pour tangente au point A. Donc enfin, pour résoudre le problème proposé, il faut joindre le point B au point A; élever par le point A une perpendiculaire sur MN; élever sur le milieu de AB une autre perpendiculaire à AB; du point de rencontre C, et avec un rayon égal à CA, décrire une circonférence, et l'on aura le cercle demandé.

158. *Nota.* — Les propositions qui vont suivre sont relatives à la mesure des angles. Nous avons déjà dit (92.) qu'un angle a pour mesure l'arc décrit de son sommet comme centre, ou, ce qui revient au même, qu'un angle placé au centre d'un cercle a pour mesure l'arc de la circonférence compris entre ses côtés. Il faut bien se rappeler ici le sens que nous avons donné à cette proposition. Mais un angle en rapport avec un cercle peut avoir son sommet placé ailleurs qu'au centre. Nous allons examiner quelle est l'expression de sa valeur, lorsque le sommet est placé à la circonférence, dans le cercle, ou hors du cercle, après avoir, pour l'ordre des matières, énoncé de nouveau la proposition établie dans le n° 92.

PREMIÈRE PROPOSITION.

159. Un angle dont le sommet est au centre d'un cercle a pour mesure l'arc compris entre ses côtés.

DEUXIÈME PROPOSITION.

160. Un angle qui a son sommet sur une circonférence et est formé par deux cordes, a pour mesure la moitié de l'arc compris entre ses côtés.

Démonstration. — Cette proposition présente trois cas suivant que le centre du cercle est sur l'un des côtés de l'angle, ou qu'il se trouve dans l'ouverture, ou hors de l'ouverture de cet angle.

1° Soit l'angle x (*fig.* 92), dont un des côtés BD passe par le centre C du cercle ABD, nous disons qu'il a pour mesure la moitié de l'arc AD. Pour le prouver, joignons le point A au centre C; le triangle ABC est isocelle, puisque les deux côtés AC, BC sont des rayons; donc les deux angles x et y sont égaux; or la somme de ces deux angles est égale à z (80-5°.), donc l'un d'eux, x, par exemple, est la moitié de z, mais l'angle z a pour mesure l'arc AD (159.) donc l'angle x aura pour mesure la moitié de AD;

2° Si le centre est compris entre les côtés, comme pour l'angle ABD (*fig.* 93), nous disons que cet angle a encore pour mesure la moitié de l'arc AD. Pour le prouver, tirons le diamètre BCM. D'après ce qui précède, l'angle x a pour mesure la moitié de AM; l'angle y a aussi pour mesure la moitié de MD; donc l'angle total ABD a pour mesure la moitié de AM + MD, c'est-à-dire la moitié de AD.

3° Enfin, si le centre C est hors de l'ouverture de l'angle, comme pour l'angle x (*fig.* 94), cet angle aura encore pour mesure la moitié de l'arc AD compris entre ses côtés. En effet, en tirant encore le diamètre BCM, d'après ce qui précède, l'angle total ABM a pour mesure la moitié de l'arc AM; mais l'angle y a pour mesure la moitié de DM; donc l'angle x a pour mesure la moitié de AM moins la moitié de DM, c'est-à-dire la moitié de AD.

161. *Corollaires.* — Il suit de là : 1° *Que tous les angles tels que* C, D, E (*fig.* 95), *qui ont leurs sommets sur une circonférence, et qui s'appuient sur une même corde* AB *sont égaux, pourvu que les sommets soient tous du même côté relativement à cette corde;* car ils ont tous pour mesure la moitié de l'arc AB sous-tendu par cette corde.

162. 2° *Qu'un angle* D (*fig.* 96) *qui a son sommet sur une circonférence et dont les côtés aboutissent aux extrémités d'un même diamè-*

tre AB *est droit*, car il a pour mesure la moitié de la moitié, ou le quart de la circonférence.

163. *Nota.* — Quand un angle a son sommet sur un arc et que ses côtés passent par les extrémités du même arc, on dit qu'il est *inscrit* dans cet arc; tels sont les angles C, D, E, par rapport à l'arc ACDEB (*fig.* 95); il résulte de cette définition que le corollaire précédent peut s'énoncer comme il suit : — 1° *Tous les angles inscrits dans un même arc de cercle sont égaux;* — 2° *Un angle inscrit dans une demi-circonférence est un angle droit.*

TROISIÈME PROPOSITION.

164. Un angle ABD (*fig.* 97) qui a son sommet sur une circonférence BNDMD', et qui est formé par une ligne BA tangente à cette circonférence, et par une corde BD, a pour mesure la moitié de l'arc BND sous-tendu par la corde.

Démonstration. — Pour le prouver, tirons par le point de tangence B le diamètre BCM, il sera perpendiculaire à la tangente (144.) donc l'angle ABM sera droit; donc cet angle aura pour mesure la moitié de la demi-circonférence BNDM; mais l'angle DBM a pour mesure la moitié de DM (160.), donc l'angle ABD aura pour mesure la moitié du reste de la demi-circonférence, c'est-à-dire la moitié de BND.

Si l'angle formé par la corde et par la tangente eût compris le centre entre ses côtés, comme l'angle ABD' (*fig.* 97), nous aurions dit : l'angle ABM a pour mesure la moitié de la demi-circonférence BNDM, or l'angle MBD' a pour mesure la moitié de MD', donc l'angle total ABD' a pour mesure la moitié de l'arc BNDMD'.

QUATRIÈME PROPOSITION.

165. Un angle ABD (*fig.* 98) qui a son sommet sur une circonférence BED et qui est formé par une corde BD et le prolongement AB d'une autre corde BE, a pour mesure la moitié des deux arcs EB et BD sous-tendus par ces cordes.

Démonstration. — En effet, la somme des deux angles EBD, DBA vaut deux angles droits, et, par conséquent, a pour mesure la moitié de la circonférence; mais l'angle EBD a pour mesure la moitié de l'arc END; donc l'autre angle DBA a pour mesure la moitié du reste de la circonférence, c'est-à-dire la moitié de EB + BD.

Passons maintenant aux angles dont le sommet est dans l'intérieur du cercle, il n'y a ici qu'un seul cas.

CINQUIÈME PROPOSITION.

166. Un angle x (*fig.* 99.) qui a son sommet dans l'intérieur d'un cercle, a pour mesure la moitié de l'arc AD compris entre ses côtés, plus la moitié de l'arc MN compris entre les prolongements de ces mêmes côtés.

Démonstration. — Pour le prouver, tirez MS parallèle à BA, les angles x et y seront égaux comme correspondants, mais l'angle y a pour mesure la moitié de DA + AS (160.), donc aussi l'angle x a pour mesure la moité de DA + AS ; mais les arcs AS, MN sont égaux comme compris entre des cordes parallèles (149.), donc l'angle x a pour mesure la moitié de DA + MN, c'est-à-dire la moitié de l'arc DA plus la moitié de l'arc MN.

Passons enfin au cas où le sommet de l'angle est hors du cercle.

SIXIÈME PROPOSITION.

167. Un angle tel que l'angle B (*fig.* 100), qui a son sommet hors d'un cercle et qui est formé par deux sécantes à ce cercle, a pour mesure la moitié de la différence des deux arcs compris entre ses côtés, c'est-à-dire la moitié de DA — MN.

Démonstration. — Pour le prouver, par le point M tirez MO parallèle à AB, les angles x et B seront égaux comme correspondants : or l'angle x a pour mesure la moitié de DO, donc l'angle B a aussi pour mesure la moitié de DO : mais on a DO = DA — AO, ou bien (puisque les deux arcs AO et MN sont égaux comme arcs compris entre cordes parallèles), DO = DA — MN ; donc enfin, l'angle B a pour mesure la moitié de DA — MN.

Les propositions précédentes vont nous servir à résoudre les problèmes suivants.

PREMIER PROBLÈME.

168. Élever à l'extrémité B d'une ligne AB une perpendiculaire sans prolonger cette ligne (*fig.* 101).

Solution. — Si le point B, placé sur une circonférence, était le sommet d'un angle dont les côtés passassent par les extrémités d'un même diamètre de cette circonférence, cet angle serait droit (162.) et le côté qui ferait avec BA cet angle droit résoudrait le problème proposé, puisqu'il serait perpendiculaire sur BA. Cela posé, le procédé demandé se présente bien naturellement. Par un point C quelconque, et avec un rayon égal à CB, décrivez une circonférence, elle coupera BA en un point M ; tirez le diamètre MCN, tirez ensuite BN, et vous aurez la ligne demandée.

DEUXIÈME PROBLÈME.

169. Par un point M pris hors d'un cercle dont le centre est en C (*fig.* 102), tirer une ligne qui soit tangente à ce cercle.

Solution. — Puisqu'une perpendiculaire à l'extrémité d'un rayon est tangente au cercle, on voit que le problème se réduit à trouver un point X sur la circonférence donnée, tel qu'en tirant un rayon à ce point X et une ligne MX, on ait un angle droit. Or, le corollaire nº **162** fournit un moyen bien simple pour cela, car si l'on joint le centre C au point M, et qu'on décrive sur CM comme diamètre une circonférence, elle coupera la première en un point X, et, en joignant ce point X avec M, on aura la tangente demandée. En effet, si on tire le rayon CX, l'angle CXM sera droit, comme ayant son sommet sur la circonférence CXMX′ et ses côtés appuyés sur les extrémités d'un même diamètre CM de cette circonférence.

Le procédé que nous venons de donner prouve que le problème est susceptible de deux solutions, puisque ce procédé donne un autre point X′, tel qu'en le réunissant au point M, on aurait une ligne tangente au premier cercle; ce que l'on prouverait comme nous l'avons fait pour la ligne MX.

TROISIÈME PROBLÈME.

170. Sur une ligne donnée BC (*fig.* 103), décrire un segment de cercle capable d'un angle donné A, c'est-à-dire décrire un cercle tel que tous les angles, qui ayant, comme BEC, leurs sommets à la circonférence, seraient placés du même côté de la droite BC, et s'appuieraient sur ses extrémités, fussent égaux à un angle donné A.

Solution. — Tirez une ligne FBD, qui fasse avec BC un angle DBC égal à l'angle A; puis décrivez un cercle qui passe par le point C, et ait FD pour tangente au point B (**157.**), ce cercle sera le cercle demandé. En effet, l'angle BEC et tous ceux qui, ayant leur sommet sur l'arc BEC, s'appuieraient sur les extrémités de la ligne BC, ont pour mesure la moitié de l'arc BC (**160.**); donc ils sont égaux à l'angle CBD, qui a aussi pour mesure la moitié de l'arc BC (**164.**), et, par conséquent, ils sont égaux à l'angle A, puisqu'on a fait CBD égal à A.

Les propositions qui suivent sont relatives aux propriétés des sécantes, ou des sécantes et des tangentes qui se rencontrent hors d'un cercle, ou, enfin, des cordes qui se coupent dans un cercle.

PREMIÈRE PROPOSITION.

171. Deux sécantes AB, AC partant d'un point A (*fig.* 104), et prolongées jusqu'à la partie du cercle BDEC la plus éloignée de ce point, sont réciproquement proportionnelles à leurs parties extérieures au cercle, c'est-à-dire que l'on forme une proportion en prenant une des sécantes et sa partie extérieure pour les extrêmes, et l'autre sécante et sa partie extérieure pour les moyens, de sorte qu'on ait la proportion AB : AC :: AE : AD.

Démonstration. — En effet, tirons les lignes BE, DC, nous aurons deux triangles ABE, ADC, dans lesquels l'angle A est commun, et l'angle B est égal à l'angle C, puisqu'ils ont tous deux pour mesure la moitié de l'arc DE (160.); donc ces triangles sont semblables (108.). Or, dans le triangle ABE, les côtés AB, AE, sont homologues des côtés AC, AD du triangle ADC, puisqu'ils sont opposés aux angles égaux dans ces deux triangles; donc on peut établir la proportion AB : AC :: AE : AD; ce qu'il fallait prouver.

DEUXIÈME PROPOSITION.

172. Si, d'un point A (*fig.* 105) extérieur à un cercle, on tire une tangente AC et une sécante ADB, la tangente sera moyenne proportionnelle à la sécante entière AB et à sa partie extérieure AD, et l'on aura la proportion AB : AC :: AC : AD.

Démonstration. — On serait porté à conclure cette proposition de la proposition précédente; car, si l'on suppose que AC (*fig.* 104), s'écarte de AB de manière que l'angle A aille en augmentant, les deux points E et C se rapprocheront l'un de l'autre, et la proposition précédemment établie sera toujours vraie, quelque voisins que soient l'un de l'autre les deux points E et C; mais il viendra un moment où l'angle A, continuant à augmenter, la sécante AC deviendra tangente au cercle BDC; les deux points E et C se confondront alors, et la proportion de la proposition précédente se changera dans la suivante : AB : AC :: AC : AD (*fig.* 105). Mais on peut aussi démontrer directement la proposition dont il s'agit.

Pour cela, tirez les lignes BC, DC, vous aurez deux triangles ADC, ABC, qui sont semblables (108.), car, 1° l'angle A leur est commun; 2° les angles B et ACD sont égaux, comme ayant tous deux pour mesure la moitié de l'arc DC (160, 164.); or, dans ces triangles, le côté AB opposé à l'angle ACB est homologue de AC opposé à l'angle ADC, et le côté AC opposé à l'angle B est homologue de AD opposé à l'angle ACD. On peut donc établir la proportion AB : AC :: AC : AD; ce qu'il fallait prouver.

TROISIÈME PROPOSITION.

173. Deux cordes AB, CD (*fig.* 106) qui se coupent en un point E pris dans l'intérieur d'un cercle ADBC, se coupent en parties réciproquement proportionnelles, c'est-à-dire que l'on peut former une proportion en prenant pour moyens les deux parties d'une de ces cordes, et pour extrêmes les deux parties de l'autre corde, de sorte que l'on ait la proportion AE : CE :: DE : EB.

Démonstration. — Pour le prouver, tirez AC et DB; les deux triangles ACE, BED sont semblables, car les angles x et x' sont égaux, comme ayant tous deux pour mesure la moitié de l'arc CNB (160.), et les deux angles y et y' sont aussi égaux, comme ayant tous deux pour mesure la moitié de l'arc AMD. De plus, dans ces triangles, les côtés AE et CE, opposés aux angles y' et x', sont homologues des côtés ED, EB, opposés aux angles y et x; on a donc la proportion AE : CE :: ED : EB; ce qu'il fallait prouver.

174. *Corollaire premier.* — Si, par un point D d'un diamètre AB (*fig.* 107), on tire une corde EDM perpendiculaire sur ce diamètre, on aura, d'après ce qui précède,

AD : ED :: DM : DB.

Mais ED = DM (148.), on pourra donc écrire

AD : ED :: ED : DB.

Ce qui prouve que *si, par un point* D, *pris sur un diamètre d'un cercle, on élève une perpendiculaire prolongée jusqu'à la circonférence, cette perpendiculaire sera moyenne proportionnelle entre les deux segments du diamètre.*

175. *Corollaire second.* — Si l'on tire les deux lignes AE, EB, le triangle AEB sera rectangle (162.); on aura donc la proportion suivante (127.)

AB : AE :: AE : AD;

c'est-à-dire que *si d'un point* A, *pris sur une circonférence, on tire un diamètre et une corde, puis qu'on abaisse une perpendiculaire de l'extrémité de la corde sur le diamètre, la corde sera moyenne proportionnelle entre le diamètre entier et la partie comprise entre le point* A *et le pied de la perpendiculaire.*

Ces deux corollaires vont nous fournir deux moyens de résoudre le problème suivant.

PROBLÈME.

176. Trouver une moyenne proportionnelle entre deux lignes données, M et N (*fig.* 108).

Solution. — 1° Le premier des corollaires précédents fournit le procédé suivant : Prenez sur une même ligne AX une partie AB = M et une partie BC = N; sur AC, comme diamètre, décrivez une demi-circonférence, par le point B élevez BD, perpendiculaire sur AC; BD sera la ligne demandée. En effet, on aura, d'après ce qui précède, AB : BD :: BD : BC, c'est-à-dire, M : BD :: BD : N.

2° Le second corollaire fournit cet autre procédé : Sur une ligne BX (*fig.* 109), prenez BA = M, et BC = N; sur BC, comme diamètre, décrivez une demi-circonférence; par le point A élevez une perpendiculaire AD, et tirez BD; BD sera la ligne demandée. On a, en effet, d'après le second corollaire, AB : BD :: BD : BC, c'est-à-dire, M : BD :: BD : N.

3° La proposition du n° 172 fournirait facilement un troisième procédé pour résoudre le même problème.

Nous terminerons ce chapitre par le problème suivant.

PROBLÈME.

177. Partager une ligne AB (*fig.* 110) en moyenne et extrême raison, c'est-à-dire, la partager en deux parties AM, MB, telles que la plus grande soit moyenne proportionnelle entre la ligne entière AB et la plus petite partie MB, de sorte qu'on ait la proportion AB : AM :: AM : MB.

Solution. — Au point B élevez la ligne BC perpendiculaire sur AB et égale à la moitié de cette dernière ligne; du point C et d'un rayon égal à CB, décrivez une circonférence; tirez par le point A et par le point C une ligne AECD; prenez sur AB une partie AM égale à AE, et le problème sera résolu.

En effet, la ligne AB étant une tangente à la circonférence décrite, puisqu'elle est perpendiculaire à l'extrémité du rayon BC et la ligne AD étant une sécante, on a (172.) la proportion suivante :

AD : AB :: AB : AE.

Mais de cette proportion on peut (Arith. 237.) déduire

AD — AB : AB :: AB — AE : AE;

et, comme $AB = ED$, puisqu'on a pris le rayon de la circonférence égal à la moitié de AB, à la place de $AD - AB$ on peut mettre $AD - ED$, ou bien AE, ce qui donne

$$AE : AB :: AB - AE : AB;$$

et, comme $AE = AM$ par construction, on peut écrire

$$AM : AB :: AB - AM : AM,$$

ou bien, en mettant les moyens à la place des extrêmes, et réciproquement (Arith. 230), et en observant que $AB - AM = BM$,

$$AB : AM :: AM : BM;$$

donc le problème est résolu.

178. Résolvons le même problème par l'analyse et le calcul. On nous demande de diviser la ligne donnée AB en moyenne et extrême raison, c'est-à-dire de déterminer l'inconnue AM de manière à satisfaire à la proportion

$$AB : AM :: AM : AB - AM.$$

Représentons, pour plus de simplicité, AB par une seule lettre s, et l'inconnue AM par x, la proportion précédente deviendra

$$s : x :: x : s - x;$$

d'où résulte l'équation $x^2 = s(s-x)$.

En résolvant cette équation comme on a appris à le faire dans l'Algèbre, on aura successivement

$$x^2 = s^2 - sx, \qquad x^2 + sx = s^2,$$

$$x^2 + sx + \left(\frac{s}{2}\right)^2 = s^2 + \left(\frac{s}{2}\right)^2$$

$$x = \pm\sqrt{s^2 + \left(\frac{s}{2}\right)^2} - \frac{s}{2},$$

ou bien, en séparant les deux valeurs de x,

$$x = +\sqrt{s^2 + \left(\frac{s}{2}\right)^2} - \frac{s}{2}, \qquad x = -\sqrt{s^2 + \left(\frac{s}{2}\right)^2} - \frac{s}{2}.$$

179. Examinons ces valeurs de x : la première est positive, car la quantité radicale est évidemment plus grande que le terme négatif dont elle est suivie. Pour voir comment elle résout le problème proposé, reprenons cette valeur, en mettant à la place de s et de x les valeurs AB et AM, nous aurons

$$AM = \sqrt{(AB)^2 + \left(\frac{AB}{2}\right)^2} - \frac{AB}{2}.$$

En examinant cette valeur de AM, nous verrons qu'elle est la différence de deux quantités, ou de deux lignes, dont l'une est exprimée par $\sqrt{(AB)^2+\left(\frac{AB}{2}\right)^2}$; et l'autre est la moitié de AB. Or, si nous nous rappelons comment on trouve l'hypoténuse d'un triangle rectangle, lorsqu'on a les deux autres côtés (130), nous verrons que $\sqrt{(AB)^2+\left(\frac{AB}{2}\right)^2}$ représente précisément l'hypoténuse d'un triangle rectangle dont les côtés seraient AB et $\frac{AB}{2}$. Ainsi pour trouver AM, notre équation nous dit qu'il faut construire un triangle rectangle dans lequel les côtés de l'angle droit seront égaux à AB et à $\frac{AB}{2}$ (c'est ce que nous avons fait en construisant le triangle ABC), puis retrancher de l'hypoténuse la moitié de AB, (c'est encore ce que nons avons fait en retranchant de l'hypoténuse AC la partie $EC = BC = \frac{AB}{2}$). Le reste donne la ligne demandée AE ou AM.

180. Quant à la seconde valeur de x, elle est négative, et, par conséquent, ne résout pas le problème proposé. Mais si nous nous rappelons ce que nous avons dit dans l'Algèbre (ALGÈBRE 126.) sur le sens à donner aux solutions négatives auxquelles on arrive quelquefois, nous verrons qu'en changeant le signe de x dans l'équation

$$x^2 = s(s-x),$$

on aurait

$$x^2 = s(s+x),$$

et cette équation dériverait de la proportion

$$s : x :: x : s+x,$$

ou bien

$$AB : AM' :: AM' : AB + AM',$$

proportion qui est la traduction du problème : *Une ligne* AB *étant donnée, trouver, sur son prolongement, un point* M' *tel que la ligne* AM' *soit moyenne proportionnelle entre* AB *et* BM'. Pour résoudre ce problème, comme la valeur de l'inconnue AM', c'est-à-dire la distance du point M' au point A, est donnée par l'équation (ALGÈBRE 129.)

$$AM' = \sqrt{(AB)^2+\left(\frac{AB}{2}\right)^2}+\frac{AB}{2},$$

elle nous conduit au procédé suivant : *A l'extrémité* B *de la ligne* AB, *élevez une perpendiculaire égale à la moitié de* AB; *du point* C *et d'un rayon égal à* CB, *décrivez une circonférence; tirez par le point* A *et par le point* C *une li-*

gne AECD, *puis prenez sur le prolongement de* AB *une partie* AM' *égale à* AD *et le problème sera résolu.*

En effet, nous avons

$$AE : AB :: AB : AD;$$

d'où (Arith. 235.),

$$AE + AB : AB :: AB + AD : AD;$$

mais, comme AB = ED, et comme AD = AM', nous aurons

$$AE + ED : AB :: AB + AM' : AM',$$

ou bien
$$AD : AB :: BM' : AM',$$

ou bien
$$AM' : AB :: BM' : AM',$$

ou bien enfin (Arith. 000.)

$$AB : AM' :: AM' : BM'.$$

Donc le point M', déterminé par le procédé que nous venons d'énoncer, répond au problème proposé.

CHAPITRE VII.

DES POLYGONES EN GÉNÉRAL, ET, EN PARTICULIER, DU PARALLÉLOGRAMME ET DE SES DIFFÉRENTES ESPÈCES.

181. On appelle en général *polygone* un espace terminé de tous les côtés par des lignes. Lorsque toutes ces lignes sont droites, le polygone est dit *rectiligne.* Nous ne parlerons ici que des polygones rectilignes dont tous les côtés sont dans un même plan, et nous les désignerons simplement par le nom de *polygones.*

182. Un polygone de trois côtés s'appelle *triangle;* de quatre côtés, *quadrilatère;* de cinq, six, sept, huit, neuf, dix, douze, quinze côtés, *pentagone, hexagone, eptagone, octogone, ennéagone, décagone, dodécagone, pentadécagone.*

183. Parmi les quadrilatères on distingue en particulier le *parallélogramme* qui est formé par quatre côtés parallèles deux à deux, et le *trapèze* qui est formé par quatre côtés dont deux seulement sont parallèles.

184. On appelle polygone *régulier* celui dont tous les côtés sont égaux, et dont tous les angles sont aussi égaux.

185. Une *diagonale* dans un polygone est une ligne tirée du sommet d'un angle à un autre sommet.

186. On appelle angle *saillant*, dans un polygone, celui dont l'ouverture est tournée vers l'intérieur du polygone, et angle *rentrant* celui dont l'ouverture est tournée vers l'extérieur. Ainsi, dans la figure 111, A est un angle saillant, C est un angle rentrant.

187. Ces définitions étant bien comprises, nous allons établir une première série de propositions relatives à toutes les espèces de polygones; puis nous ferons connaître plus particulièrement les propriétés du parallélogramme. N'oublions pas que nous avons déjà longuement développé ce qui est relatif au triangle.

PREMIÈRE PROPOSITION.

188. Si dans un polygone ABCDEF (*fig.* 112), qui n'a pas d'angle rentrant, on joint un sommet, A par exemple, à tous les autres sommets, par des diagonales, le polygone sera partagé en autant de triangles qu'il y a de côtés moins deux.

Démonstration. — En effet, l'inspection de la figure fait voir que parmi les triangles formés par les diagonales et les côtés du polygone, les deux triangles extrêmes, ABC, AFE, prendront chacun deux des côtés du polygone, mais les autres n'en prendront qu'un; donc il y aura autant de triangles qu'il y a de côtés moins deux dans le polygone.

DEUXIÈME PROPOSITION.

189. Dans un polygone qui n'a pas d'angle rentrant, la somme de tous les angles vaut autant de fois deux angles droits qu'il y a de côtés moins deux.

Démonstration. — En effet, tous les angles des triangles de la figure 112 sont formés des angles du polygone seulement, et, de plus, tous les angles du polygone sont employés à former les angles de ces triangles. Or, il y a autant de triangles que de côtés moins deux dans le polygone, et, de plus, la somme des angles de chaque triangle vaut deux angles droits; donc la somme des angles du polygone vaut autant de fois deux angles droits qu'il y a de côtés moins deux dans le polygone.

Nota. — S'il y avait dans le polygone un ou plusieurs angles rentrants, comme dans la figure ABCDEF (*fig.* 113), la proposition précédente aurait encore lieu, pourvu qu'on mesurât la valeur d'un angle rentrant tel que C, non pas par l'arc extérieur *mxn*, mais bien par l'arc intérieur *myn*. Un coup-d'œil sur la figure 113 suffit pour justifier cette assertion.

TROISIÈME PROPOSITION.

190. Si l'on prolonge dans un même sens tous les côtés d'un polygone ABCDE (*fig.* 114), qui n'a pas d'angle rentrant, la somme des angles extérieurs vaudra quatre angles droits.

Démonstration. — En effet, chaque angle extérieur réuni avec l'angle intérieur correspondant vaut deux angles droits; donc la somme des angles, tant extérieurs qu'intérieurs, vaut autant de fois deux angles droits qu'il y a de côtés dans le polygone; or, les angles intérieurs réunis valent autant de fois deux angles droits qu'il y a de côtés moins deux, ou, en d'autres termes, autant de fois deux angles droits qu'il y a de côtés moins quatre angles droits; donc la somme des angles extérieurs vaut quatre angles droits.

191. On dit que deux polygones sont *égaux* lorsqu'on peut les porter l'un sur l'autre de manière à les faire coïncider parfaitement, et, par conséquent, lorsque les côtés et les angles de l'un sont respectivement égaux aux côtés et aux angles de l'autre; mais pour affirmer cette égalité, il n'est pas nécessaire de la connaître explicitement, et l'on peut la conclure de données suffisantes, comme nous allons le voir dans les deux propositions suivantes.

QUATRIÈME PROPOSITION.

192. Si, ayant deux polygones ABCDE et A'B'C'D'E' (*fig.* 115), on sait de tous les côtés, à l'exception d'un seul, à savoir de AB, BC, CD, DE, qu'ils sont respectivement égaux aux côtés A'B', B'C', C'D', D'E', et si l'on sait de plus que les angles B, C, D, compris entre ces côtés, sont respectivement égaux aux angles B', C', D', on peut affirmer que les deux polygones sont égaux.

Démonstration. — En effet, portons A'B' sur AB, de manière que ces deux lignes coïncident parfaitement, puisque l'on a $B = B'$, la ligne B'C' prendra la direction de BC, et puisque $B'C' = BC$, le point C' tombera sur le point C; par la même raison, la ligne C'D' prendra la direction de CD, et le point D' tombera sur le point D; enfin, encore par la même raison, la ligne D'E' prendra la direction de DE, et le point E' tombera sur le point E, donc tous les sommets du second polygone seront sur les sommets du premier, et, par conséquent, ils coïncideront parfaitement et seront égaux.

CINQUIÈME PROPOSITION.

193. Si ayant deux polygones ABCDE, A'B'C'D'E' (*fig.* 115), on sait de tous les angles à l'exception d'un seul, à savoir de A, B, C, D, qu'ils sont respectivement égaux aux angles A', B', C', D', et si l'on sait de plus que les côtés AB, BC, CD, compris entre les sommets de ces angles, sont respectivement égaux aux côtés A'B', B'C', C'D', on peut affirmer que les deux polygones sont égaux.

Démonstration. — En effet, en portant le second polygone sur le premier comme précédemment, c'est-à-dire, de manière que la ligne A'B' coïncide parfaitement avec AB, on obtiendra, comme nous venons de le faire, tout à l'heure, la superposition jusqu'au point D. Cela posé, puisque l'angle D' est égal à D, la ligne D'E' prendra la direction de DE, et le point E' devra se trouver quelque part sur cette direction; par la même raison, la ligne A'E' prendra la direction de AE, et le point E' devra se trouver aussi sur la direction de AE; donc il se trouvera au point E, qui est le seul commun aux deux lignes DE et AE, donc les polygones coïncideront parfaitement.

194. Il est facile de tirer des deux propositions précédentes des procédés pour résoudre les deux problèmes suivants que nous nous contentons d'énoncer :

1° *Construire un polygone, connaissant tous les côtés, à l'exception d'un seul, et tous les angles compris entre les côtés connus.*

2° *Construire un polygone, connaissant tous les angles, à l'exception d'un seul, et tous les côtés compris entre les sommets des angles connus.*

195. Nous avons déjà dit qu'un parallélogramme ABCD (*fig.* 116) est une figure terminée par quatre lignes AB, CD, AD, BC, parallèles deux à deux; il est facile de tirer de cette définition les corollaires suivants.

196. *Corollaires.* — 1° *Dans un parallélogramme* ABCD, *les côtés* AB, DC *sont égaux; et il en est de même des côtés* AD et BC. En effet, ces côtés sont des parallèles comprises entre des parallèles (55.)

197. 2° *Réciproquement, si une figure* ABCD *est composée de quatre côtés égaux deux à deux, c'est-à-dire, tels que* AB = DC et AD = BC, *cette figure est un parallélogramme.* En effet, en tirant la diagonale AC, on a deux triangles ABC, ADC, égaux, comme ayant leurs côtés égaux chacun à chacun, savoir, AB = DC, AD = BC, et AC commun aux deux triangles. Donc les angles x et x' opposés

aux côtés BC et AD seront égaux, et, par conséquent, les lignes AB et DC sont parallèles (50.). De même, les angles y et y', opposés aux côtés AB et DC, sont égaux, et, par conséquent, les deux lignes AD et BC sont aussi parallèles. Donc la figure ABCD est un parallélogramme.

198. 3° *Si une figure* ABCD *est composée de quatre côtés dont deux* AB, DC, *sont égaux et parallèles, cette figure est un parallélogramme.* En effet, en tirant la diagonale AC, on a deux triangles ABC, ADC, qui sont égaux comme ayant un angle égal x et x' compris entre deux côtés égaux. Donc les angles y et y' seront égaux comme opposés aux côtés égaux AB, CD. Or, ces angles sont alternes-internes relativement aux deux lignes AD, CB; donc ces lignes sont parallèles; donc, la figure ABCD est composée de quatre côtés parallèles deux à deux, et, par conséquent, elle est un parallélogramme.

199. 4° *Une diagonale* AC *partage toujours un parallélogramme* ABCD *en deux triangles égaux.* En effet, puisque ABCD est un parallélogramme, les deux triangles ABC, ADC ont les trois côtés égaux chacun à chacun, car, indépendamment du côté AC commun aux deux triangles, on a $AB = DC$ et $AD = CB$.

200. 5° *Les deux diagonales* AD, CB, *d'un parallélogramme* ABCD (*fig.* 117), *se coupent en parties égales, c'est-à-dire, telles que l'on ait* $AO = OC$ *et* $OB = OD$. En effet, dans les triangles AOB, COD, on a $AB = CD$, $x = x'$, et $y = y'$. Donc ces deux triangles sont égaux, comme ayant un côté égal compris entre deux angles égaux (67.); donc les côtés AO et OC, opposés aux angles x et x', sont égaux; donc aussi les côtés OB et OD, opposés aux angles y et y' sont égaux, et, par conséquent, les diagonales sont coupées en parties égales.

201. Quand un parallélogramme ABCD a ses quatre angles droits (*fig.* 118), on l'appelle un *rectangle;* quand ses quatre côtés sont égaux, on l'appelle *losange* (*fig.* 119); quand, en même temps, les quatre angles sont droits et les quatre côtés égaux, on l'appelle *carré* (*fig.* 120). On voit que le carré est en même temps un *rectangle* et un *losange*. Cependant on réserve plus particulièrement le nom de *rectangle* pour le parallélogramme à angles droits dont les quatre côtés ne sont pas égaux, et celui de *losange* pour le rectangle à quatre côtés égaux, mais dans lequel les angles ne sont pas droits.

202. Il serait bien facile de prouver, d'après ces définitions : 1°

que les deux diagonales d'un rectangle sont égales; 2° *que celles d'un losange sont perpendiculaires l'une sur l'autre.*

203. Il est également facile de déduire de ce qui précède, la solution des problèmes suivants que nous nous contentons d'énoncer, et que nous supposerons résolus :

1° *Construire un carré, connaissant la longueur des côtés;*

2° *Construire un rectangle, connaissant les valeurs des côtés contigus;*

3° *Construire un parallélogramme connaissant deux côtés contigus et l'angle qu'ils comprennent;*

4° *Construire un parallélogramme, connaissant un côté, la diagonale et l'angle compris entre la diagonale et ce côté.*

CHAPITRE VIII.

DES POLYGONES INSCRITS ET CIRCONSCRITS AU CERCLE.

204. Un polygone est dit *inscrit* dans un cercle, lorsque la circonférence de ce cercle passe par tous les sommets du polygone; et il est dit *circonscrit* à un cercle, lorsque tous ses côtés sont tangents à la circonférence. Ainsi le polygone ABCDE (*fig.* 121), est inscrit dans le cercle que présente la figure, et le polygone A'B'C'D'E' lui est circonscrit. Dans le premier cas, on dit aussi que le cercle est *circonscrit* au polygone, et dans le second cas, qu'il lui est *inscrit*.

205. Il est évident qu'un polygone quelconque ABCDE (*fig.* 115), ne peut pas toujours être inscrit dans un cercle, puisque la condition pour une circonférence de passer par les trois sommets A, B, C, par exemple, la détermine complètement (155.), et qu'il est fort possible qu'ainsi déterminée elle ne passe pas par les autres sommets. Il est également vrai de dire qu'un polygone ne peut pas toujours être circonscrit à un cercle, car il serait facile de prouver que la condition pour le cercle d'être tangent à trois côtés d'un polygone le détermine complètement, et qu'ainsi déterminé, il est fort possible qu'il ne puisse être tangent aux autres côtés; mais il est des polygones qui peuvent être inscrits et circonscrits au cercle, et nous allons établir sur cela les propositions suivantes.

PREMIÈRE PROPOSITION.

206. Un triangle peut toujours être inscrit dans un cercle.

Démonstration. — Nous avons vu, en effet (154.), que, par trois points non en ligne droite, on peut toujours faire passer une circonférence.

DEUXIÈME PROPOSITION.

207. Un triangle ABC (*fig.* 122) peut toujours être circonscrit à un cercle.

Démonstration. — Pour le prouver, il suffit de faire voir qu'on peut toujours trouver dans l'intérieur de ce triangle un point O, tel que les trois perpendiculaires OM, ON, OP, qu'on abaisserait de ce point sur les côtés du triangle, fussent égales, car alors le cercle décrit du point O comme centre et d'un rayon OM, passerait par les points N et P, et, de plus, aurait pour tangentes les trois côtés du triangle (143.); or, il est facile de prouver que ce point O existe. Pour cela, tirez une ligne qui partage l'angle B en deux parties égales, et une autre ligne qui partage aussi l'angle A en deux parties égales, ces lignes se rencontreront en un point O; de ce point tirez OM, ON, OP perpendiculaires sur les trois côtés, nous disons que ces trois lignes seront égales. En effet, les deux triangles BNO, BMO sont rectangles par construction; de plus, l'hypothénuse est commune, et les angles y et x sont égaux par construction; donc, les deux triangles BNO, BMO sont égaux (70.); donc, les deux côtés OM, ON, opposés aux angles y et x, sont égaux. On prouverait de même que ON égale OP. Donc si du centre O et d'un rayon égal à OM, on décrit un cercle, il aura pour tangentes les trois côtés du triangle, et, par conséquent, sera inscrit au triangle.

208. *Corollaires.* — De ces deux propositions résulte la solution des deux problèmes suivants.

1° *Circonscrire un cercle à un triangle donné.* — Il se résout par le procédé du n° 154.

2° *Inscrire un cercle dans un triangle donné.* — Il suffit de tirer deux lignes BO, AO (*fig.*122) qui partagent en deux parties égales les angles B et A; leur point de rencontre O sera le centre du cercle demandé, et la perpendiculaire OM, abaissée sur l'un des côtés, en sera le rayon.

TROISIÈME PROPOSITION.

209. On peut toujours circonscrire un cercle à un rectangle ABCD (*fig.* 118).

Démonstration. — En effet, nous avons vu plus haut (200-203.)

que dans un rectangle les diagonales sont égales et se coupent en parties égales ; donc on a AO = BO = CO = DO, et, par conséquent, la circonférence dont le centre serait O et le rayon AO passerait par tous les sommets.

QUATRIÈME PROPOSITION.

210. Un polygone régulier ABCDEF (*fig.* 123) peut toujours être inscrit dans un cercle.

Nota. — Pour plus de simplicité nous désignerons par A, B, C, D, E, F, les angles du polygone, et les autres angles par les lettres comprises entre leurs côtés.

Démonstration. — En effet, on peut toujours faire passer une circonférence par les trois sommets, A, B, C, par exemple. Cela posé, nous disons que cette circonférence passera par les autres sommets. En effet, soit O le centre de cette circonférence, tirons AO, BO, CO, DO. Les deux triangles ABO, OBC sont égaux, car ils ont les trois côtés égaux, savoir AB = BC, comme côtés du polygone, et tous les autres côtés égaux, comme rayons d'un même cercle ; de plus, ils sont isocelles, puisque AO = BO = CO ; donc, les angles z, y' sont égaux entre eux et aussi égaux à y et x; donc l'angle y est moitié de l'angle B, et l'angle x égal à l'angle y est moitié de l'angle C égal à l'angle B ; donc enfin la ligne CO partage l'angle C en deux parties égales. Cela posé, nous disons que le triangle BOC est égal au triangle COD, comme ayant un angle égal x et x' compris entre deux côtés égaux ; donc le côté OD opposé à x' est égal à OB opposé à x, donc la circonférence qui passera par le point B et qui aura son centre en O, passera aussi par le point D. On prouverait de la même manière qu'elle doit passer par les sommets E et F ; donc tout polygone régulier peut être inscrit dans un cercle.

CINQUIÈME PROPOSITION.

211. Un polygone régulier peut toujours être circonscrit à un cercle.

Démonstration. — En effet, en reprenant la figure 123, si l'on tire du point O des perpendiculaires OM, ON, OS, OT, etc. sur les côtés du polygone, elles seront toutes égales, car d'abord elles tomberont sur le milieu de ces côtés, puisque ces côtés sont des cordes du cercle circonscrit (148.) ; on aura donc BM = BN, par exemple, comme moitiés des côtés d'un polygone régulier. Cela posé, les triangles BOM, BON sont égaux, car ils ont un angle égal, savoir, $y = y'$, compris entre deux côtés égaux, savoir, BM = BN et

BO commun aux deux triangles; donc les lignes NO, MO, opposées aux angles $y = y'$ sont égales. On prouverait de même qu'elles sont égales aux autres perpendiculaires OS, OT, OR, etc. Donc la circonférence décrite du centre O, avec un rayon égal à OM, aura pour tangente tous les côtés du polygone ABCDEF. Donc tout polygone régulier peut être circonscrit à un cercle.

212. Ainsi, il existe dans l'intérieur d'un polygone régulier un point O également distant de tous les sommets; on l'appelle *centre du polygone*. La perpendiculaire OM abaissée du centre sur les côtés, s'appelle *apothème*. L'angle BOC formé par les deux lignes qui joignent le centre aux extrémités d'un même côté, s'appelle *angle au centre* du polygone : il est évident que tous les angles au centre sont égaux, et qu'on trouve la valeur d'un angle au centre en divisant quatre angles droits par le nombre des côtés du polygone (24.). Enfin, l'angle formé par deux côtés contigus AB, BC du polygone s'appelle *angle à la circonférence* : la définition même du polygone régulier renferme l'égalité des angles à la circonférence.

213. *Nota.* — Quand on demande d'*inscrire un polygone régulier dans un cercle*, ce problème revient au suivant, *diviser une circonférence en un certain nombre de parties égales*; car il est visible qu'en joignant par des lignes droites les points de divisions, on formera une figure dont tous les côtés et tous les angles seront égaux. Nous allons résoudre ce problème dans quelques cas particuliers.

PREMIER PROBLÈME.

214. Inscrire dans un cercle (*fig.* 124) un polygone régulier de 4, 8, 16, etc. côtés.

Solution. — Pour le polygone de quatre côtés, tirez deux diamètres qui se coupent à angles droits; il est évident qu'ils partageront la circonférence en quatre parties égales; en joignant leurs extrémités, on aura ABCD pour le polygone demandé.

En divisant chaque arc ainsi obtenu en deux parties égales (151.), puis, chacun de ceux-ci en deux autres parties égales, et ainsi de suite, on divisera évidemment la circonférence en 8, 16, 32, etc. parties égales, et, par conséquent, on pourra avoir le polygone demandé de 8, 16, 32, etc. côtés.

215. *Nota.* — La figure ABCD est un carré, et le diamètre AC une diagonale de ce carré, on aura (131.)

$$AC = AB\sqrt{2} \quad \text{et} \quad AB = \frac{AC}{\sqrt{2}},$$

formules qui montrent ce qu'il faut faire, pour trouver la valeur numérique du diamètre d'un cercle, quand on connaît celle du côté du carré inscrit, et réciproquement.

PROPOSITION.

216. Le côté de l'hexagone régulier ABCDEF (*fig.* 125) est égal au rayon du cercle inscrit.

Démonstration. — En effet, la somme des trois angles du triangle ABO (*fig.* 125) vaut deux angles droits ou 180 degrés; or l'angle AOB vaut 60 degrès puisqu'il renferme entre ses côtés la sixième partie de la circonférence, donc il reste 120 degrés pour la valeur des deux autres angles OBA, OAB; mais ces angles sont égaux comme opposés à des côtés égaux AO, BO (64.); donc chacun vaut 60 degrés; donc les trois angles du triangle ABO sont égaux; donc le triangle est équilatéral; donc $AB = AO$; ce qu'il fallait prouver.

De là résulte la solution du problème suivant.

DEUXIÈME PROBLÈME.

217. Inscrire dans un cercle un polygone régulier de 6, 12, 24, etc. côtés, et aussi un polygone régulier de trois côtés, c'est-à-dire, un triangle équilatéral.

Solution. — 1° Pour le polygone régulier de six côtés, ou l'hexagone, il suit de la proposition précédente, qu'il suffit de prendre le rayon AO du cercle donné (*fig.* 125), et de le porter sur la circonférence de A en B, de B en C, de C en D, etc.;

2° En divisant chaque arc sous-tendu par les côtés de l'hexagone en deux parties égales (151.), puis en joignant les points de divisions, on aura le polygone de 12 côtés, on obtiendra de la même manière, les polygones de 24, 48, etc. côtés;

3° Pour le polygone régulier de trois côtés ou le triangle équilatéral, il suffira de joindre le sommet B avec D, D avec F, et F avec B, on aura ainsi le triangle demandé BDF.

218. *Nota.* — Le côté du triangle équilatéral est dans un rapport remarquable avec le rayon du cercle circonscrit. En effet, le triangle ABD, évidemment rectangle en B (162.), donne

$$\overline{BD}^2 = \overline{AD}^2 - \overline{AB}^2,$$

mais AD $=$ 2AO, et, par conséquent, $\overline{AD}^2 = 4\overline{AO}^2$, de plus, AB $=$ AO; d'après ce qui précède, on peut donc écrire,

$$\overline{BD}^2 = 4\overline{AO}^2 - \overline{AO}^2 \quad \text{ou} \quad \overline{BD}^2 = 3\overline{AO}^2,$$

d'où

$$\frac{\overline{BD}^2}{\overline{AO}^2} = 3 \quad \text{et} \quad \frac{BD}{AO} = \sqrt{3};$$

or, $\sqrt{3}$ est incommensurable (ARITH. 307), donc les deux lignes BD et AO sont incommensurables.

On tire de l'équation précédente,

$$BD = AO\sqrt{3} \quad \text{et} \quad AO = \frac{BD}{\sqrt{3}},$$

d'où l'on voit que pour avoir le côté du triangle équilatéral inscrit dans un cercle dont on connaît le rayon, il faut multiplier ce rayon par $\sqrt{3}$; et pour avoir le rayon, lorsqu'on connaît le côté du triangle équilatéral inscrit, il faut le diviser par $\sqrt{3}$. Voir dans les Notes une addition à ce chapitre (*note deuxième*).

TROISIÈME PROBLÈME.

219. Étant donné un polygone régulier ABCDE, inscrit dans un cercle (*fig.* 126), circonscrire un polygone régulier d'un même nombre de côtés.

Solution. — Pour cela, tirez les rayons AH, BH, CH, DH, EH que vous prolongerez indéfiniment; tirez les apothèmes OH, PH, QH, etc. que vous prolongerez jusqu'à la circonférence; puis, par les points O′, P′, Q′, etc., où ces lignes atteignent la circonférence, tirez des tangentes à la circonférence, nous disons que ces tangentes se rencontreront de manière à former un polygone A′B′C′D′E′ qui sera le polygone demandé.

Pour le prouver nous disons : 1° que la tangente élevée au point O′ rencontrera celle élevée au point P′ en un même point A′ du prolongement du rayon HA. En effet, les deux triangles formés par les tangentes dont il s'agit avec O′H, P′H, et le rayon AH suffisamment prolongé, sont rectangles, l'un en O′ et l'autre en P′; l'angle $x = y$, comme ayant pour mesure des arcs égaux AO′, AP′; le côté O′H $=$ P′H comme rayons du même cercle, donc les deux triangles seront égaux (67.); donc leurs hypoténuses devront être égales; donc les tangentes élevées au point O′ et P′ devront se rencontrer en un même point A′ du prolongement AH. On prouverait de la même manière, que les tangentes menées aux points P′ et Q′ se rencontreraient en un même point E′ du prolongement du rayon

HE; que celles menées aux points Q′ et R′ se rencontreraient en un même point D′ du prolongement du rayon HD, et ainsi de suite.

Nous disons, 2° que tous les côtés du polygone A′B′C′D′E′ sont égaux; en effet, les lignes O′A′ et A′P′ sont égales comme opposées aux angles égaux dans deux triangles égaux; de même, les lignes A′P′ et P′E′ sont égales par la même raison, et ainsi des autres lignes P′E′, E′Q′ et Q′D′, etc. : donc on a O′A′ = A′P′ = P′E′ = E′Q′, etc.; donc les côtés du polygone A′B′C′D′E′, formés chacun de deux de ces lignes, sont tous égaux.

Nous disons, 3° que tous les angles du polygone A′B′C′D′E′ sont égaux, car l'angle A′, par exemple, est formé de deux angles égaux entre eux et égaux aussi à ceux qui forment les autres angles B′, C′, D′, E′ comme étant opposés à des côtés égaux dans des triangles égaux.

Ainsi le polygone A′B′C′D′E′ est circonscrit au cercle, il a ses côtés égaux et ses angles égaux, donc il est le polygone demandé.

QUATRIÈME PROBLÈME.

220. Réciproquement, étant donné un polygone circonscrit à un cercle A′B′C′D′E′ (*fig.* 126) inscrire un polygone d'un même nombre de côtés.

Solution. — La figure 126 indique le procédé à suivre pour résoudre ce problème. Il suffit, en effet, après avoir déterminé le centre H du polygone donné (154.), de tirer du centre aux sommets les lignes HA′, HB′, HC′, etc. En abaissant ensuite du centre H une perpendiculaire HO′ sur l'un des côtés du polygone, et en décrivant du centre et avec un rayon HO′ une circonférence, elle coupera les lignes HA′, HB′, HC′, etc., en des points A, B, C, etc., et ces points réunis par des lignes droites formeront le polygone demandé. Nous laissons au lecteur le soin de prouver que le polygone ABCDE est régulier, c'est-à-dire qu'il a tous ses côtés égaux, et aussi tous ses angles égaux.

On pourrait aussi obtenir le polygone demandé en réunissant les points O′, P′, Q′, R′, S′, situés au milieu des côtés du polygone donné; le polygone O′P′Q′R′S′, qui en résulterait, aurait ses angles égaux et ses côtés égaux, comme on pourrait facilement le prouver.

CINQUIÈME PROBLÈME.

221. Étant donné un polygone régulier *abcd* (*fig.* 127) inscrit dans un cercle, inscrire un polygone régulier d'un nombre de côtés double.

Solution. — Nous avons déjà résolu ce problème dans quelques cas particuliers, et la solution générale est la même : il faut diviser en deux parties égales les arcs ab, bc, cd, de, sous-tendus par les côtés du polygone, et, en joignant les points de divisions aux sommets du premier polygone, on aura le polygone demandé.

On peut, dans une première étude de ce Traité, passer sans inconvénient ce qui suit jusqu'au nº 225.

222. Si l'on voulait, non pas précisément construire le polygone d'un nombre de côtés double, demandé dans l'énoncé du problème que nous venons de résoudre, mais trouver seulement la valeur du côté ae, connaissant la valeur du côté ab et celle du rayon, on pourrait y parvenir par le calcul, comme il suit. Tirons les deux rayons ao et eo, le dernier sera perpendiculaire sur ab (148.), cela posé, nous aurons (128.)

$$\overline{ae}^2 = \overline{am}^2 + \overline{em}^2;$$

mais on a $em = eo - mo$, d'où $\overline{em}^2 = \overline{eo}^2 + \overline{mo}^2 - 2eo \times mo$;
en substituant dans l'équation précédente cette valeur de $\overline{em}^2$, nous aurons

$$\overline{ae}^2 = \overline{am}^2 + \overline{eo}^2 + \overline{mo}^2 - 2eo \times mo,$$

mais nous avons (130.)

$$\overline{mo}^2 = \overline{ao}^2 - \overline{am}^2, \quad \text{d'où} \quad mo = \sqrt{\overline{ao}^2 - \overline{am}^2},$$

en substituant dans l'équation précédente ces valeurs de $\overline{mo}^2$ et de mo, nous aurons

$$\overline{ae}^2 = \overline{am}^2 + \overline{eo}^2 + \overline{ao}^2 - \overline{am}^2 - 2eo\sqrt{\overline{ao}^2 - \overline{am}^2};$$

mais $\overline{am}^2 - \overline{am}^2$ se détruisent, nous pouvons donc supprimer ces deux termes, et nous aurons

$$\overline{ae}^2 = \overline{eo}^2 + \overline{ao}^2 - 2eo\sqrt{\overline{ao}^2 - \overline{am}^2}.$$

Maintenant si, pour plus de simplicité, nous représentons par r le rayon du cercle, par c le côté ab du polygone donné, et par y le côté du polygone demandé, ae sera remplacé par y; eo, ao seront remplacés par r, et $\overline{am}^2$, qui est le carré de la moitié de ab deviendra $\frac{c^2}{4}$, on aura donc,

$$y^2 = 2r^2 - 2r\sqrt{r^2 - \frac{c^2}{4}},$$

d'où

$$y = \sqrt{2r^2 - 2r\sqrt{r^2 - \frac{c^2}{4}}}.$$

Telle est la formule qui sert à calculer le côté d'un polygone régulier inscrit dans un cercle, lorsqu'on connaît le rayon de ce cercle et le côté du polygone régulier inscrit d'un nombre de côtés deux fois plus petit.

223. De même, si dans le troisième problème, au lieu de construire le polygone $a'b'c'd'e'$ (nous mettons ici des lettres minuscules au lieu des majuscules qui sont dans la figure 126.), on se proposait de trouver la valeur des côtés du polygone régulier circonscrit à un cercle, connaissant le rayon et la valeur des côtés du polygone régulier d'un même nombre de côtés, on pourrait y parvenir comme il suit.

Les deux triangles semblables aoh, $a'o'h$ (*fig.* 126) donnent la proportion

$$oh : ao :: o'h : a'o', \quad \text{d'où}; \quad a'o' = \frac{ao \times o'h}{oh}$$

Mais le triangle rectangle aoh donne (130.) $oh = \sqrt{\overline{ah}^2 - \overline{ao}^2}$, on a donc

$$a'o' = \frac{ao \times o'h}{\sqrt{\overline{ah}^2 - \overline{ao}^2}};$$

or $a'o'$ est la moitié de $a'b'$ et ao est la moitié de ab, en doublant les deux membres de cette équation on aura donc

$$a'b' = \frac{ab \times o'h}{\sqrt{\overline{ah}^2 - \overline{ao}^2}}.$$

Maintenant, si pour plus de simplicité on représente $a'b'$, valeur du côté demandé, par z, ab par c; le rayon du cercle ah ou $o'h$ par r; ao moitié de ab sera $\frac{c}{2}$, et l'équation précédente deviendra

$$z = \frac{cr}{\sqrt{r^2 - \frac{c^2}{4}}}.$$

Telle est l'équation qui donne le côté d'un polygone régulier circonscrit à un cercle, lorsqu'on connaît le rayon du cercle et le côté du polygone régulier inscrit correspondant.

SIXIÈME PROBLÈME.

224. Étant donné un polygone régulier ABCDE (*fig.* 127 *bis*), circonscrit à un cercle, circonscrire un polygone régulier d'un nombre double de côtés.

Solution. — Tirez les lignes OA, OB, OC, OD, OE. Par les

points A', B', C', D', E', où ces lignes rencontrent la circonférence, tirez des tangentes à cette circonférence, FG, HI, JK, LM, NP, et le polygone demandé sera FGHIJKLMNP. Nous laissons au lecteur le soin de prouver que ce polygone, qui évidemment a deux fois plus de côtés que le polygone donné ABCDE, est en effet régulier, c'est-à-dire que tous ses côtés sont égaux, et que tous ses angles le sont aussi. On peut remarquer que le contour ou périmètre du polygone donné est plus grand que celui du polygone d'un nombre double de côtés; ce qui est évident à l'inspection de la figure 127 *bis*.

225. *Nota.* — A mesure que l'on augmente le nombre des côtés des polygones inscrits et circonscrits à un cercle, ces polygones approchent de plus en plus de se confondre avec le cercle; de telle sorte que la différence entre les périmètres des polygones inscrits et circonscrits et la circonférence peut diminuer indéfiniment et devenir aussi petite que l'on voudra. L'apothème du polygone inscrit va aussi se rapprochant sans cesse du rayon du cercle, et tend aussi à se confondre avec ce rayon. D'où il suit qu'*on peut considérer un cercle comme un polygone régulier d'une infinité de côtés dont l'apothème est le rayon.* (Voir pour une plus ample explication de ce que nous disons ici la *note troisième* n° 21.

CHAPITRE IX.

DE L'AIRE DES POLYGONES ET DE CELLE DU CERCLE.

226. On appelle *aire* ou *surface* d'une figure, la portion d'étendue renfermée entre les lignes qui la terminent.

227. Dans un parallélogramme quelconque, on donne le nom de *base* à l'un des côtés, et on appelle *hauteur*, la perpendiculaire comprise entre ce côté et le côté parallèle. Ainsi, dans le parallélogramme ABCD (*fig.* 128), si on prend AD pour base, MN sera la hauteur. Il est clair, d'après cette définition, que dans un rectangle, les deux côtés contigus représentent la base et la hauteur.

228. Dans un triangle, on appelle *base* un côté quelconque pris arbitrairement, et alors on appelle *hauteur* la perpendiculaire abaissée du sommet opposé sur ce côté. Ainsi, dans le triangle ABC (*fig.* 129), si on prend AC pour base, BD sera la hauteur.

229. Dans un trapèze, on appelle hauteur la perpendiculaire menée entre les deux côtés parallèles. Ainsi, MN est la hauteur du trapèze ABCD (*fig.* 129 *bis*).

230. Nous allons maintenant faire connaître les procédés par lesquels on mesure l'aire d'un rectangle, d'un carré, d'un parallélogramme quelconque, d'un triangle, d'un polygone quelconque, d'un trapèze, d'un polygone régulier, d'un cercle, d'un secteur et d'un segment de cercle. Ces procédés sont les conséquences de certaines propositions que nous allons successivement développer.

PREMIÈRE PROPOSITION.

231. Deux rectangles qui ont même base et même hauteur sont égaux.

Il est si facile d'opérer, dans ce cas, la superposition de ces deux rectangles, que nous nous contentons d'énoncer cette proposition.

DEUXIÈME PROPOSITION.

232. Deux rectangles ABCD, A'B'C'D' (*fig.* 130), qui ont des bases AC, A'C' égales, sont entre eux comme leurs hauteurs AB, A'B'.

Démonstration. — La démonstration de cette proposition présente deux cas, suivant que les hauteurs AB, A'B' sont commensurables ou ne le sont pas.

1° Si les hauteurs ont une commune mesure, supposons que cette mesure soit contenue sept fois, par exemple, dans AB et quatre fois dans A'B'. On pourra donc partager AB en sept parties égales et A'B' en quatre parties égales entre elles et égales aussi aux parties de AB. Si l'on tire ensuite, par les points de division de AB, des parallèles à AC, on partagera le rectangle ABCD en sept petits rectangles égaux (231.), et, en tirant pareillement par les points de division de A'B' des lignes parallèles à la base A'C', on partagera le rectangle A'B'C'D' en quatre petits rectangles égaux entre eux et aussi égaux à ceux qui forment le rectangle ABCD. Cela posé, il est facile de voir que le rectangle ABCD sera au rectangle A'B'C'D', comme 7 est à 4; mais les hauteurs AB, A'B', sont évidemment dans le même rapport; donc, dans le cas où les hauteurs sont commensurables, les rectangles qui ont des bases égales sont entre eux comme leur hauteur.

2° Si les hauteurs AB et A'B' sont incommensurables, on démontre que les rectangles ABCD, A'B'C'D', sont entre eux comme leurs hauteurs par une démonstration en tout semblable à celle que nous avons déjà donnée dans les nos 89 et 98. (Voir, de plus, la *note première*, no 5*–2o.)

TROISIÈME PROPOSITION.

233. Les rectangles qui ont même hauteur sont entre eux comme leurs bases.

Démonstration. — La démonstration de cette proposition est la même que la précédente ; on n'a même pas besoin de la répéter, car les lignes AC, A'C' peuvent être prises pour les hauteurs, et les lignes AB, A'B', pour les bases.

QUATRIÈME PROPOSITION.

234. Les rectangles sont toujours entre eux comme les produits de leurs bases par leurs hauteurs.

Démonstration. — Pour le prouver, soient deux rectangles R et R' dont les bases et les hauteurs soient représentées respectivement par b et h et par b' et h'. Prenons un troisième rectangle r qui ait même base b que le premier et même hauteur h' que le second ; puisque les rectangles R et r ont même base, nous pouvons écrire (232.) qu'ils sont entre eux comme leurs hauteurs, ou bien

$$R : r :: h : h';$$

et puisque les rectangles r et R' ont même hauteur, nous pouvons écrire (233.) qu'ils sont entre eux comme leurs bases, ou bien

$$r : R' :: b : b'.$$

En multipliant ces deux proportions termes par termes, ce qui est permis (Arith. 226), nous aurons

$$R \times r : R' \times r :: b \times h : b' \times h',$$

ou, en divisant les deux termes du premier rapport par r,

$$R : R' :: b \times h : b' \times h',$$

ce qu'il fallait démontrer.

235. *Corollaire.* — Il suit de là que *l'aire d'un rectangle a pour mesure le produit de sa base par sa hauteur.* En effet, soit le rectangle R et le carré C (*fig.* 131), nous avons, d'après ce qui précède,

$$R : C :: ab \times ac : a'b' \times a'c'.$$

En nous rappelant ce que nous avons dit dans le no 129, nous verrons que cette proportion signifie que, si on mesure avec une même unité les lignes *ab*, *ac*, *a'b'*, *a'c'*, le rectangle R contiendra le carré C autant de fois que le produit des deux nombres représentant *ab* et *ac* contient le produit des deux nombres représentant *a'b'* et *a'c'*. Mais si la seconde figure C est un carré, un mètre carré, par exemple, et que l'on prenne pour unité le côté *a'b'* ou le mètre, alors les deux lignes *a'b'*, *a'c'* seront représentées par 1, et la proportion deviendra

$$R : C :: ab \times ac : 1,$$

c'est-à-dire que si on mesure les lignes *ab* et *ac* avec un mètre, et qu'on multiplie entre eux les deux nombres qui représenteront ces lignes, le rectangle contiendra autant de fois le mètre carré C qu'il y aura d'unités dans le produit que l'on obtiendra. Donc enfin, *pour savoir combien il y a de mètres carrés dans un rectangle, il faut en mesurer avec un mètre la base et la hauteur, puis multiplier les deux nombres qui représenteront ces deux lignes, et le produit que l'on obtiendra indiquera combien le rectangle contient de mètres carrés;* et c'est ce qu'on exprime, en disant qu'*un rectangle a pour mesure le produit de sa base par sa hauteur.*

236. *Autre corollaire.* — Un carré est un rectangle dans lequel la base et la hauteur sont égales et ne sont autre chose que les côtés du carré; le produit de la base par la hauteur n'est donc que la seconde puissance des côtés du carré. *Donc un carré a pour mesure la seconde puissance d'un de ses côtés.* Ceci explique pourquoi on appelle *carré d'un nombre* la seconde puissance de ce nombre.

237. Il suit de ce second corollaire : 1° *Que si, sur les trois côtés d'un triangle rectangle* ABC (*fig.* 132), *on construit des carrés, le carré fait sur l'hypoténuse* AC *sera égal à la somme des carrés faits sur les autres côtés.* En effet, nous avons vu (128.) que la seconde puissance de l'hypoténuse égale la somme des secondes puissances des deux autres côtés; or ces secondes puissances expriment précisément les *aires* des carrés dont il s'agit; donc le carré fait sur l'hypoténuse est égal, etc.

238. 2° *Si l'on abaisse la perpendiculaire* BM *et qu'on la prolonge jusque sur* DE, *le carré* X *sera équivalent au rectangle* ADNM, *et le carré* Y *au rectangle* CENM. En effet, nous avons vu (127.) qu'on a les proportions

$$AC : AB :: AB : AM, \qquad AC : BC :: BC : CM;$$

mais comme AC = AD = CE, puisque ACED est un carré, on peut, à ces proportions, substituer les suivantes :

$$AD : AB :: AB : AM, \qquad CE : BC :: BC : CM;$$

d'où l'on tire (ARITH. 233),

$$\overline{AB}^2 = AD \times AM, \qquad \overline{BC}^2 = CE \times CM,$$

équations qui expriment précisément ce que nous voulons démontrer, savoir que le carré X, fait sur AB, égale le rectangle ADNM fait sur les deux lignes AD, AM; et que le carré Y fait sur BC égale le rectangle CENM fait sur les deux lignes CE, CM.

239. 3° Nous pouvons des deux équations précédentes tirer la proportion

$$\overline{AB}^2 : \overline{BC}^2 :: AD \times AM : CE \times CM;$$

et, comme la ligne AD est égale à la ligne CE, en divisant les deux termes du dernier rapport par ces facteurs, qui sont égaux, nous aurons

$$\overline{AB}^2 : \overline{BC}^2 :: AM : CM,$$

proportion qui nous apprend que *les carrés construits sur les deux côtés de l'angle droit d'un triangle rectangle, sont entre eux comme les parties de l'hypoténuse comprises entre ces côtés et le pied de la perpendiculaire* BM.

CINQUIÈME PROPOSITION.

240. Un parallélogramme ABCD (*fig.* 133) est équivalent à un rectangle de même base et de même hauteur.

Démonstration. — Pour le prouver, prolongez la ligne CB, et tirez les lignes DM, AN, perpendiculaires sur AD, et, par conséquent, sur BC et son prolongement. Il est bien facile de prouver que les deux triangles ABN, DCM, sont égaux. Or, si de la figure totale ADCN on retranche ABN, il reste le parallélogramme ABCD; si l'on retranche DCM, il reste le rectangle ADMN, de même base et de même hauteur que le parallélogramme; donc le parallélogramme est équivalent à un rectangle de même base et de même hauteur.

241. *Corollaires.* — Il suit de là : 1° *qu'un parallélogramme a pour mesure le produit de sa base par sa hauteur,* car telle est la mesure

du rectangle qui lui est équivalent, et qui a même base et même hauteur que lui.

242. 2° Il suit encore de là que *deux parallélogrammes qui ont même base sont entre eux comme leurs hauteurs*. En effet, soient b et h la base et la hauteur d'un parallélogramme P, b et h' la base et la hauteur d'un parallélogramme P', nous avons

$$P = b \times h, \qquad P' = b \times h';$$

d'où

$$P : P' :: b \times h : b \times h',$$

ou bien

$$P : P' :: h : h'.$$

On prouverait de la même manière que *deux parallélogrammes qui ont même hauteur sont entre eux comme leurs bases.*

SIXIÈME PROPOSITION.

243. Un triangle ABC (*fig.* 134) est la moitié d'un parallélogramme de même base et de même hauteur.

Démonstration. — En effet, si par le point B nous tirons une parallèle à AC, et par le point C une parallèle à AB, nous formerons une figure ABDC, qui sera un parallélogramme de même base et de même hauteur que le triangle ABC, puisqu'en prenant pour base AC, la perpendiculaire tirée du point B sur AC serait à la fois la hauteur du parallélogramme et celle du triangle. Or, il est bien facile de prouver que les deux triangles ABC, BCD, sont égaux; donc le triangle ABC est la moitié d'un parallélogramme de même base et de même hauteur que lui.

244. *Corollaires.* — Il suit de là : 1° *Que le triangle* ABC *a pour mesure la moitié du produit de sa base par sa hauteur;* ou, ce qui est la même chose, *le produit de la base par la moitié de la hauteur;* ou aussi *le produit de la hauteur par la moitié de la base.*

245. 2° Il suit encore que *les triangles de même base sont entre eux comme leurs hauteurs, et que ceux qui ont même hauteur sont entre eux comme leurs bases.* On le prouverait comme pour les parallélogrammes (242.).

246. 3° Il suit encore de là que *les triangles* AOB, ASB, ATB (*fig.* 135), *qui ont une même base* AB *et qui ont leurs sommets sur une ligne* MN *parallèle à la base, sont équivalents,* car ils ont tous même base et même hauteur.

247. 4° Un polygone quelconque ABCDEF (*fig.* 112) pouvant toujours être partagé en triangles (nous l'avons déjà vu, et la chose est évidente de soi), nous pouvons en conclure que *pour trouver*

l'aire d'un polygone quelconque, il suffit de le partager en triangles, de chercher la valeur de chaque triangle et de faire la somme de toutes ces valeurs.

248. *Nota.* — Si l'on avait un polygone curviligne ou mixtiligne, tel que celui représenté dans la figure 135 *bis*, on pourrait le mesurer avec une certaine approximation en partageant les côtés qui ne sont pas droits, tels que AB et CD, en parties assez petites, AM, MN, NB, CP, PO, OD, pour que les arcs qui en résulteraient se confondissent sensiblement avec les cordes qui les sous-tendraient, puis en mesurant le polygone formé par ces cordes et les côtés qui sont des lignes droites.

Quoique le procédé que nous venons de donner (247.) s'applique rigoureusement à tous les polygones rectilignes, nous allons encore enseigner à mesurer l'aire des trapèzes et des polygones réguliers.

SEPTIÈME PROPOSITION.

249. Un trapèze ABCD (*fig.* 136) a pour mesure sa hauteur MN, multipliée par la somme des moitiés des côtés parallèles AB, CD; ou bien encore la hauteur MN multipliée par la ligne ST, menée parallèlement aux deux côtés parallèles, et à égale distance de ces côtés.

Démonstration. — En effet, si nous tirons BC, le trapèze sera décomposé en deux triangles ABC, BCD, qui auront, en prenant pour bases AB et CD, la même hauteur MN que le trapèze, puisque les perpendiculaires abaissées du point C sur AB et du point B sur CD seraient égales à MN (56.). Or, le premier triangle a pour expression de son aire $MN \times \frac{AB}{2}$, et le second $MN \times \frac{CD}{2}$; donc le trapèze a pour expression

$$MN \times \frac{AB}{2} + MN \times \frac{CD}{2},$$

ou, ce qui revient au même,

$$MN\left(\frac{AB}{2} + \frac{CD}{2}\right);$$

ce qui prouve la première partie de notre proposition.

Pour prouver la seconde, par le point S, milieu de AC, tirons ST parallèle à CD, et, par conséquent, à AB; les triangles semblables (107.) CSO, CAB et BOT, BCD, nous donneront

$$CS : CA :: SO : AB,$$
$$BT : BD :: OT : CD.$$

Mais, dans ces deux proportions, les deux antécédents CS et BT sont les moitiés des deux conséquents CA et BD; donc aussi SO et OT sont les moitiés de AB et de CD; donc on a

$$SO = \frac{AB}{2}, \quad OT = \frac{CD}{2}.$$

Si l'on substitue ces valeurs de $\frac{AB}{2}$ et de $\frac{CD}{2}$ dans l'expression précédente du trapèze, on aura pour nouvelle expression

$$MN\ (SO + OT), \text{ ou } MN \times SO;$$

ce qui prouve la seconde partie de notre proposition.

HUITIÈME PROPOSITION.

250. Un polygone régulier ABCDE (*fig.* 126) a pour mesure le produit de son contour par la moitié de l'apothème HO.

Démonstration. — En effet, si du centre d'un pareil polygone on tire les rayons HA, HB, HC, HD, HE et les apothèmes HO, HS, HR, HQ, HP, les triangles ABH, BCH, etc., seront tous égaux, et les apothèmes seront aussi tous égaux. De plus, chaque triangle a pour mesure de son aire le côté AB, ou BC, ou CD, etc. multiplié par la moitié de l'apothème; donc la somme des triangles, ou le polygone tout entier, aura pour mesure la somme des côtés AB + BC + CD + DE + EA, multipliée par la moitié de l'apothème HO; ce qu'il fallait prouver.

On peut dire aussi, et cela revient au même, que *le polygone a pour mesure la moitié du contour multiplié par l'apothème, ou la moitié du produit de l'apothème par le contour.*

NEUVIÈME PROPOSITION.

251. Un cercle a pour mesure le produit de la circonférence par la moitié du rayon.

Démonstration. — En effet, nous avons vu (225.) que le cercle peut être considéré comme un polygone régulier d'une infinité de côtés, dans lequel la circonférence forme le contour, et le rayon est l'apothème; donc un cercle a pour mesure la moitié de la circonférence multipliée par le rayon, ou aussi la moitié du rayon multipliée par la circonférence, ou encore la moitié du produit de la circonférence par le rayon. Voir pour une démonstration plus rigoureuse de cette proposition la *note troisième*, n° 30*.

252. On appelle *secteur* d'un cercle une partie de ce cercle renfermée entre deux rayons AC, CB (*fig.* 137) et l'arc AB; on appelle *segment* la partie renfermée entre un arc AB et la corde qui le sous-tend; il est bien facile d'établir relativement au secteur et au segment la proposition suivante et son corollaire.

DIXIÈME PROPOSITION.

253. Un secteur ABC (*fig.* 137) a pour mesure le produit de la moitié du rayon AC par l'arc AB.

Démonstration. — En effet, on prouverait, comme nous avons prouvé la proposition énoncée dans le n° 89, que le secteur ACB est au cercle entier comme l'arc AB est à la circonférence. On a donc

$$\textit{Sect.}\ ACB : \textit{Cerc.} :: \textit{Arc}\ AB : \textit{Circonf.}$$

Cela posé, si l'on multiplie les deux termes du second rapport par la moitié du rayon AC, ce qui ne détruit pas la proportion, on a

$$\textit{Sect.}\ ACB : \textit{Cerc.} :: \textit{Arc}\ AB \times \frac{AC}{2} : \textit{Circonf.} \times \frac{AC}{2}.$$

Mais, d'après la proposition précédente, les deux conséquents de cette proportion sont égaux; donc les deux antécédents le sont aussi, et l'on a

$$\textit{Sect.}\ ACB = \textit{Arc}\ AB \times \frac{AC}{2};$$

ce qu'il fallait prouver.

254. *Corollaire.* — Il suit de là qu'*on aura l'aire du segment renfermé entre l'arc* AB *et la corde qui le sous-tend, en calculant l'aire du secteur, celle du triangle* ABC, *et retranchant la seconde de la première.*

Nota. — Nous reviendrons, vers la fin du chapitre suivant, sur la mesure du cercle et du secteur. (Voir nos 282 à 286.)

CHAPITRE X.

DES POLYGONES SEMBLABLES (a).

255. Lorsque deux polygones ABCDE, A'B'C'E'D' (*fig.* 138) sont tels que les côtés AB, BC, CD, DE, EA sont proportionnels aux côtés A'B', B'C', C'D', D'E', E'A', et que les angles compris entre les côtés correspondants sont égaux, on dit que les deux polygones sont *semblables*.

256. *Corollaire.* — Donc, *deux polygones réguliers d'un même nombre de côtés sont semblables*, car tous les côtés de chaque polygone étant égaux entre eux, la proportion renfermée dans la définition précédente a évidemment lieu; et comme tous les angles de chaque polygone sont aussi égaux entre eux, que leur nombre est le même dans chaque polygone, et qu'enfin la somme des angles du premier est égale à la somme des angles du second, c'est-à-dire, est égale à autant de fois deux angles droits qu'il y a de côtés moins deux (189.), il s'en suit que les angles du premier sont égaux aux angles du second. Donc, etc.

PREMIÈRE PROPOSITION.

257. Deux polygones semblables ABCDE, A'B'C'D'E' (*fig.* 138) peuvent se décomposer en un même nombre de triangles semblables et semblablement disposés.

Nota. — Pour plus de simplicité, nous appellerons A, B, C, etc., A', B', C', etc., les angles des polygones, et nous désignerons les angles partiels par des lettres placées entre les côtés m, n, o, x, t, etc.; m', n', o', x', t', etc.

Démonstration. — Pour prouver la proposition que nous venons d'énoncer, tirons les diagonales BE, BD, B'E', B'D'; cela fait :

1° Les deux triangles ABE, A'B'E' seront semblables comme

(a) On pourra consulter avec fruit, sur les figures semblables, un opuscule de M. Larrouy, ancien professeur de mathématiques spéciales au Lycée de Bordeaux. Ce livre, auquel nous avons fait quelques emprunts, se trouve à Paris, chez le libraire Bachelier, et a pour titre : *Essai d'une nouvelle théorie de la similitude des figures Géométriques.*

ayant un angle égal A et A′ compris entre deux côtés proportionnels, puisque la similitude des polygones donne

$$AB : A'B' :: AE : A'E' ;$$

2° Les deux triangles BED, B′E′D′ sont aussi semblables, car les angles E et E′ étant égaux comme angles du polygone, si on en retranche les deux angles y et y' qui sont égaux comme homologues dans les deux triangles semblables ABE, A′B′E′, les restes z et z' seront égaux. De plus, les triangles semblables ABE, A′B′E′ donnent

$$AE : A'E' :: BE : B'E',$$

et les polygones semblables donnent

$$AE : A'E' :: ED : E'D' ;$$

ces deux proportions ayant un rapport commun, les deux autres rapports sont égaux, donc on a

$$BE : B'E' :: ED : E'D' ;$$

donc les deux triangles BED, B′E′D′ ont un angle égal z et z' compris entre deux côtés proportionnels, donc il sont semblables;

3° On démontrerait absolument de la même manière la similitude des autres triangles BCD, B′C′D′. Donc enfin deux polygones semblables peuvent se décomposer en un même nombre de triangles semblables et semblablement disposés.

DEUXIÈME PROPOSITION (*réciproque de la précédente*).

258. Réciproquement, si deux polygones ABCDE, A′B′C′D′E′ (*fig.* 138) sont composés d'un même nombre de triangles semblables et semblablement disposés, ces polygones sont semblables.

Démonstration. — En effet, la similitude de ces triangles donne d'abord l'égalité des angles marqués des mêmes lettres dans les triangles, et, par conséquent, aussi l'égalité des angles marqués des mêmes lettres dans les deux polygones, puisque ces angles des polygones sont ou les angles égaux des triangles, ou composés des angles égaux dans les triangles; ensuite la similitude des triangles donne les différentes suites :

$$AB : A'B' :: AE : A'E' :: BE : B'E',$$
$$BE : B'E' :: ED : E'D' :: BD : B'D',$$
$$BD : B'D' :: DC : D'C' :: CB : C'B'.$$

On peut remarquer que, dans ces différentes suites, le dernier rapport de chaque suite est le premier de la suivante; donc tous les rapports sont égaux; donc on peut, en ne conservant que les rapports qui se composent des côtés du polygone, écrire

AB : A'B' :: AE : A'E' :: ED : E'D' :: DC : D'C' :: CB : C'B';

donc enfin les deux polygones ABCDE et A'B'C'D'E' ont les côtés proportionnels, et, de plus, les angles compris entre les côtés correspondants sont égaux, donc ces polygones sont semblables.

259. Deux points quelconques M et M' (*fig.* 139) pris, soit dans l'intérieur, soit à l'extérieur, soit sur les côtés de deux polygones semblables sont dits *homologues*, lorsque leurs distances aux extrémités de deux côtés correspondants, CD, C'D', par exemple, sont proportionnelles aux côtés du polygone, de sorte que l'on a CM : C'M' :: DM : D'M' :: CD : C'D', et que ces deux points sont placés du même côté relativement à CD.

260. *Corollaires.* — Il suit de là que : 1° *les sommets des angles formés par les côtés correspondants sont des points homologues;* ainsi, par exemple, B et B' dans la figure 138, sont homologues; nous avons vu, en effet, plus haut, qu'on a

BC : B'C' :: BD : B'D' :: CD : C'D'.

261. 2° Dans *deux polygones réguliers d'un même nombre de côtés, et, par conséquent semblables,* ABCDE, A'B'C'D'E' (*fig.* 126), *les centres* H *sont homologues;* en effet, les triangles semblables ABH, A'B'H donnent la proportion

AH : A'H :: BH : B'H :: AB : A'B'.

Il en est de même du milieu O et O' des côtés du polygone, car on a bien évidemment

AO : A'O' :: OB : O'B' : AB : A'B'.

262. 3° *Deux points* X *et* X' (fig. 139) *qui coupent en parties proportionnelles deux côtés correspondants dans deux polygones semblables, sont des points homologues;* en effet, on a alors

AX : A'X' :: XF : X'F' :: AF : A'F'.

Nota — Lorsqu'un peu plus bas nous aurons défini les *lignes homologues*, il sera facile de prouver qu'en général *deux points qui*

coupent en parties proportionnelles des lignes homologues sont homologues.

263. 4° *Les distances de deux points homologues,* M *et* M′ (fig. 139), *à deux sommets quelconques homologues de deux polygones semblables sont proportionnelles aux côtés* : ainsi, par exemple, nous disons que les distances BM et B′M′ sont proportionnelles aux côtés des polygones. En effet, si l'on suppose la similitude des triangles CMD, C′M′D′, similitude qui est une conséquence de la proportion CM : C′M′ :: DM : D′M′ :: CD : C′D′, il sera bien facile d'en déduire celle des triangles BCM, B′C′M′; d'où l'on conclura

$$BM : B'M' :: BC : B'C'.$$

264. On appelle *lignes homologues* dans deux polygones semblables, les lignes comprises entre deux points homologues, ainsi, si M et N sont homologues de M′ et N′, la ligne MN sera homologue de M′N′ (*fig.* 139).

265. *Corollaires.* — De cette définition on déduit que : 1° *les côtés des polygones semblables compris entre les sommets homologues sont des lignes homologues;* ainsi BC, par exemple, est homologue de B′C′ puisqu'ils sont compris entre deux points homologues (260.).

266. 2° *Dans deux polygones réguliers d'un même nombre de côtés, les rayons des cercles circonscrits et ceux des cercles inscrits tirés aux sommets et sur les milieux des côtés des polygones, tels que* BH, B′H′ *et* OH, O′H *dans les deux polygones* ABCDE, A′B′C′D′E′ (*fig.* 126), *sont homologues*, puisqu'ils sont compris entre des points homologues (260, 261, 262.).

267. 3° *Si, par deux sommets homologues* B *et* B′ *de deux triangles semblables* (fig. 140), *on abaisse sur les côtés opposés des perpendiculaires, ces perpendiculaires couperont ces côtés en deux points homologues, et seront par conséquent des lignes homologues.* En effet, les deux triangles ABD, A′B′D′, évidemment semblables, puisque les angles A et A′ sont égaux d'après l'hypothèse de la similitude des triangles ABC, A′B′C′, et que les angles y et y' sont égaux comme angles droits, ces deux triangles, disons-nous, donnent

$$BD : B'D' :: AD : A'D' :: AB : A'B';$$

donc les distances des points D et D′ aux extrémités des côtés AB et A′B′ sont proportionnelles à ces mêmes côtés, et, par conséquent, ces points D et D′ sont homologues (259.), d'où il suit encore que les lignes BD, B′D′ sont aussi homologues (264.)

268. 4° *Dans deux polygones semblables, deux lignes homologues quelconques* MN, M'N' (*fig.* 139) *sont proportionnelles aux côtés des polygones et par conséquent à toutes les autres lignes homologues.*

En effet, puisque les points M et N sont homologues de M' et N', les triangles CMD, CND sont respectivement semblables aux triangles C'M'D', C'N'D', comme ayant les trois côtés proportionnels; donc les deux angles CDN, C'D'N' sont égaux, et les angles CDM, C'D'M' sont aussi égaux. Cela posé, en retranchant ces derniers angles des premiers, on aura des restes égaux; donc d'abord l'angle MDN est égal à l'angle M'D'N'; de plus, comme les points M et N sont homologues de M' et N', on aura

$$CD : C'D' :: DM : D'M',$$
$$CD : C'D' :: DN : D'N',$$

d'où l'on tire
$$DM : D'M' :: DN : D'N';$$

donc les deux triangles MND, M'N'D' ont un angle égal, MDN, M'D'N', compris entre deux côtés proportionnels, donc ils sont semblables, donc on a

$$MN : M'N' :: DM : D'M',$$

et, par conséquent,
$$MN : M'N' :: CD : C'D';$$

donc enfin *deux lignes homologues quelconques*, MN, M'N' *sont proportionnelles aux côtés du polygone, et, par conséquent, à toutes les autres lignes homologues.*

Nota. — Une démonstration analogue s'appliquerait à toutes les autres lignes tirées entre deux points homologues pris hors de la ligne CD; mais si les points M et N étaient pris tous deux (ou l'un seulement sur CD), et leurs homologues sur C'D', pour y appliquer la même démonstration, il faudrait les rapporter à d'autres côtés homologues des polygones, ce qui ne souffre aucune difficulté, puisque leurs distances à tous les sommets homologues des polygones sont proportionnelles aux côtés (262.)

Ces conséquences des définitions des points et des lignes homologues étant bien comprises, nous allons établir sur les figures semblables les propositions suivantes.

PREMIÈRE PROPOSITION.

269. Les contours des figures semblables sont entre eux comme les lignes homologues.

Démonstration. — En effet, en appelant, pour plus de simplicité,

A, B, C, D, E et A', B', C', D', E' les côtés correspondants de deux polygones, et H et H' deux lignes homologues quelconques, nous avons, d'après ce qui précède,

$$A : A' :: B : B' :: C : C' :: D : D' :: E : E' :: H : H';$$

mais quand on a une pareille suite, la somme d'un certain nombre d'antécédents est à la somme correspondante des conséquents, comme un antécédent est à son conséquent, nous pouvons donc écrire

$$A + B + C + D + E : A' + B' + C' + D' + E' :: H : H';$$

c'est-à-dire que les contours de deux figures semblables sont entre eux comme deux lignes homologues quelconques.

270. *Corollaire.* — Il suit de là que les contours des polygones réguliers semblables, ABCDE, A'B'C'D'E' (*fig.* 126), sont entre eux comme les rayons HO, HO' des cercles inscrits, et aussi comme les rayons HB, HB' des cercles circonscrits, car ces rayons HO, HO' et HB, HB' sont des lignes homologues (266.).

DEUXIÈME PROPOSITION.

271. Les aires des figures semblables sont entre elles comme les carrés des lignes homologues.

Démonstration. — En effet, si l'on examine ce que l'on fait pour trouver l'aire d'une figure rectiligne (rectangle, parallélogramme, triangle, polygone quelconque), on verra que cette opération revient à mesurer des lignes, et à faire un produit de deux lignes ou plusieurs produits de deux lignes, et à ajouter ces produits. Cela posé, si l'on a à mesurer l'aire d'une figure semblable à la première, il faudra pour cela faire deux choses : — 1° mesurer des lignes homologues à celles que l'on a mesurées dans la première figure, lesquelles lignes homologues seront toutes un certain nombre de fois (par exemple 2 fois, 3 fois, 4 fois, et en général n fois) plus grandes ou plus petites que les lignes correspondantes dans cette première figure; — 2° faire avec les nombres qui représentent les valeurs de ces lignes, les mêmes opérations qu'on a faites pour la première figure. Mais nous avons vu dans l'Arithmétique (ARITH. 26.) que lorsque deux facteurs d'un ou plusieurs produits deviennent 2, 3, 4, etc., et en général n fois plus grands ou plus petits, les produits deviennent 4, 9, 16, etc., et en général n^2 fois plus grands ou plus petits, donc ces produits et, par conséquent, les

7

aires des figures qu'ils représentent, seront entre eux comme les carrés des lignes homologues.

272. *Corollaire.* — Il suit de là que *les polygones réguliers semblables* ABCDE, A'B'C'D'E' (fig. 126), *sont entre eux comme les carrés* $\overline{HO}^2$, $\overline{HO'}^2$ *des rayons des cercles inscrits, et aussi comme les carrés* $\overline{HB}^2$, $\overline{HB'}^2$ *des rayons des cercles circonscrits*, car ces rayons HO, HO' et HB, HB' sont des lignes homologues. (266.)

273. *Autre Corollaire.* — Il suit encore de là, que *si sur les trois côtés d'un triangle rectangle* ABC (fig. 141), *on construit trois figures quelconques semblables* (par exemple, trois triangles semblables, T, T', T''), *et telles que les lignes* AB, BC, AC *soient homologues dans ces figures, celle construite sur l'hypoténuse sera équivalente à la somme des deux autres.* En effet, d'après ce qui précède, ces figures sont entre elles comme les carrés de leurs lignes homologues; or, les carrés de leurs lignes homologues sont tels, que le carré de AC égale le carré de AB plus le carré de BC (237.); donc aussi la figure faite sur AC sera équivalente à la somme des figures semblables faites sur AB et sur BC.

TROISIÈME PROPOSITION.

274. Les circonférences de deux cercles quelconques sont entre elles comme leurs rayons.

Démonstration. — En effet, nous avons vu (225.) que les cercles peuvent être considérés comme des polygones réguliers d'une infinité de côtés, dans lesquels les rayons des cercles inscrits et circonscrits se confondent, et que, par conséquent, ils peuvent être considérés comme des polygones réguliers semblables; or les contours des polygones réguliers semblables sont entre eux comme les rayons des cercles inscrits et circonscrits; donc les circonférences sont entre elles comme leurs rayons. (Pour une démonstration plus rigoureuse de cette proposition. (Voir *note quatrième*, nº 44*.)

QUATRIÈME PROPOSITION.

275. Les cercles sont entre eux comme les carrés de leurs rayons.

Démonstration. — En effet, nous avons vu que les cercles peuvent être considérés comme des polygones réguliers d'une infinité de côtés, dans lesquels les rayons des cercles inscrits et circonscrits se confondent, et que, par conséquent, ils peuvent être considérés comme des polygones réguliers semblables; or les polygones réguliers semblables sont entre eux comme les carrés des rayons des cercles inscrits et circonscrits; donc les cercles sont entre eux comme les carrés de leurs rayons. (Pour une démonstration plus rigoureuse de cette proposition, voir *la note quatrième*, nº 45*.)

276. *Corollaire.* — Il suit de là que *si avec les trois côtés d'un triangle rectangle* ABC (*fig.* 141), *pris comme rayons, on décrit trois cercles, celui décrit avec l'hypoténuse sera équivalent à la somme des deux autres;* en effet, ces cercles seront entre eux comme les carrés de leurs rayons AC, AB, BC; or le carré fait sur AC égale la somme des carrés faits sur AB et sur BC (237.), donc aussi le cercle fait avec le rayon AC sera égal à la somme des cercles faits avec les deux autres rayons.

277. *Nota.* — Il suit de l'avant-dernière proposition que, si on représente par *Circ.* et *Circ.'* deux circonférences, et par R et R' leurs rayons, on aura

$$\mathit{Circ.} : \mathit{Circ.}' :: \mathrm{R} : \mathrm{R}', \text{ ou bien, } \frac{\mathit{Circ.}}{\mathrm{R}} = \frac{\mathit{Circ.}'}{\mathrm{R}'}.$$

Ainsi, *le rapport de la circonférence à son rayon est une quantite constante,* qu'il suffit, par conséquent, de déterminer une seule fois, pour avoir le rapport d'une circonférence quelconque à son rayon.

278. La formule trouvée plus haut (222.) pour calculer le côté d'un polygone régulier, lorsqu'on a celui du polygone régulier d'un nombre deux fois plus petit de côtés, et celle trouvée (223.) pour calculer le côté d'un polygone régulier circonscrit à un cercle, lorsqu'on a le côté du polygone régulier inscrit correspondant, fournissent un moyen de rechercher le rapport de la circonférence au rayon. En effet, puisque le contour d'un polygone inscrit approche d'autant plus de se confondre avec la circonférence que ce polygone a un plus grand nombre de côtés, on voit que, si on savait calculer le côté d'un polygone régulier de 1000 côtés, par exemple, en multipliant la valeur trouvée par 1000, on aurait un contour qui diffèrerait bien peu de la circonférence circonscrite, et que, par conséquent, il y aurait une bien petite erreur à prendre cette valeur pour la circonférence; d'où il résulte que si l'on prenait le rapport de ce contour au rayon de la circonférence, on aurait à bien peu près le rapport de la circonférence au rayon. Mais il y a plus, si au moyen de la formule du nº 223., on calculait le contour du polygone régulier de 1000 côtés circonscrits à la même circonférence, la circonférence se trouvant toujours comprise entre les deux poly-

gones, la différence entre les deux contours serait plus grande que celle qui existe entre la circonférence et le contour du polygone inscrit, et l'on pourrait ainsi apprécier l'erreur commise, en prenant la différence qui existe entre les contours des polygones de 1000 côtés dont l'un est inscrit et l'autre circonscrit à la circonférence.

279. Expliquons ceci davantage en reprenant la formule qui donne le côté d'un polygone régulier inscrit à un cercle, lorsqu'on connaît le côté du polygone régulier d'un nombre deux fois plus petit de côtés. Cette formule est (222.)

$$y=\sqrt{2r^2-2r\sqrt{r^2-\frac{c^2}{4}}} \qquad \text{(A)}$$

c représentant le côté du polygone régulier donné, r le rayon du cercle circonscrit, et y le côté du polygone régulier d'un nombre double de côtés. Si nous supposons que le rayon est représenté par 1 (1 *mètre*, par exemple), et que le polygone soit un hexagone, c vaudra aussi 1 (216.), et la formule précédente dans laquelle y sera le côté du dodécagone, deviendra

$$y=\sqrt{2-2\sqrt{1-\frac{1}{4}}}.$$

En la calculant, on aurait le côté du dodécagone. Ce côté trouvé, en mettant sa valeur à la place de c dans la formule (A), et encore 1 à la place du rayon r, on pourrait calculer le côté du polygone régulier de 24 côtés; de même ensuite celui du polygone de 48, 96, 192, etc., côtés.

Supposons qu'on pousse ce calcul jusqu'au côté du polygone régulier de 768 côtés, on trouverait, toujours en supposant le rayon égal à l'unité, pour valeur du côté de ce polygone, 0,008181208052. En multipliant ce nombre par 768 et en ne prenant au produit que les sept premières décimales, on trouverait 6,2831678.

Si, maintenant, connaissant le côté du polygone régulier inscrit de 768 côtés, on calcule le côté du polygone circonscrit correspondant au moyen de la formule du n° 223., et qu'on multiplie la valeur trouvée par 768, on trouvera, pour le contour de ce polygone, 6,2832203. Ce contour et le précédent ne diffèrent pas d'un millième; donc en prenant le nombre 6,283 pour valeur de la circonférence dont le rayon est 1, l'erreur que l'on commettra sera inférieure à un millième du rayon. Or, le rapport entre ce contour et le rayon est 6,283, puisque le rayon est 1. Donc enfin, le rapport de la circonférence au rayon est 6,283 à moins d'un dix-millième près. On a donc, à un millième près,

$$\frac{Circ.}{r}=6{,}283, \quad \text{d'où}, \quad \frac{Circ.}{2r}=3{,}141.$$

Tel est le rapport de la circonférence au diamètre à moins d'un dix-millième près.

280. La détermination de la valeur du rapport de la circonférence au rayon, et par suite de la circonférence au diamètre, a beaucoup occupé les géomètres; mais il est démontré que ce rapport est incommensurable, et que, par conséquent, on ne peut l'obtenir exactement. Archimède a prouvé que le rapport de la circonférence au diamètre est compris entre $3+\frac{10}{70}$ et $3+\frac{10}{71}$; de manière que si l'on prend $3+\frac{1}{7}$ ou $\frac{22}{7}$ on aura une quantité un peu plus forte que ce rapport, et qui, si on la convertit en décimales, sera exacte jusqu'aux centièmes. Le rapport $\frac{355}{113}$ trouvé par Adrien Métius est beaucoup plus approché, et, converti en décimales, il serait exact jusqu'aux millionnièmes. Enfin on a calculé ce rapport en décimales, et on l'a poussé jusqu'à la 140me décimale; voici les premières, 3,14159265358979 32.

281. On représente ordinairement le rapport de la circonférence au diamètre ou au double du rayon, par la lettre π, de sorte que rien ne se présente plus souvent que la formule

$$\frac{Circ.}{2r}=\pi,\quad \text{d'où,}\quad Circ.=2\pi r.$$

DIGRESSION FORMANT UNE ADDITION AU CHAPITRE IX.

282. Lorsqu'on introduit le rapport π de la circonférence au diamètre, dans l'expression de la circonférence, et aussi dans celle du cercle, on arrive à des formules d'un usage très-fréquent et qu'il est presque impossible d'oublier à cause de leur singularité. Nous venons de voir déjà que l'expression de la circonférence est donnée par la formule

$$\text{(A)}\qquad Circ.=2\pi r.$$

Nous savons de plus, que le cercle a pour mesure le rayon multiplié par la moitié de la circonférence (251.), de manière que l'on a $Cerc.=r\,\frac{Circ.}{2}$; si, dans cette équation, on met à la place de la circonférence *Circ.*, sa valeur $2\pi r$, on trouvera, toute réduction faite,

$$\text{(B)}\qquad Cerc.=\pi r^2.$$

283. I. La formule (A) sert : 1° à trouver une circonférence lorsqu'on connaît le rayon; elle peut aussi servir 2° à trouver le rayon lorsqu'on connaît la circonférence, puisqu'on en tire $r=\frac{Circ.}{2\pi}$. (Bien entendu qu'on remplace toujours π par sa valeur plus ou moins approchée, lorsqu'on veut en venir aux calculs.)

284. II. La formule (B) sert aussi à calculer : 1° un cercle lorsqu'on en connaît le rayon ; 2° à calculer le rayon d'un cercle dont on connaît la surface, car, en divisant les deux termes par π et en extrayant la racine carrée, on en tire

$$r = \sqrt{\frac{Cerc.}{\pi}}.$$

285. III. En appelant A la longueur d'un arc, et N° le nombre de degrés qu'il a, nous aurons évidemment la proportion : la circonférence est à la longueur de l'arc, comme 360° est à N° ou :

$$Circ. : A :: 360° : N°;$$

ou bien, en mettant à la place de *Circ.* sa valenr $2\pi r$, et, en divisant les deux antécédents par 2,

$$\pi r : A :: 180° : N°.$$

Cette proportion, et aussi l'équation $180A = \pi r N°$ que l'on en tire, et d'où l'on peut déduire

$$A = \frac{\pi r N°}{180}, \quad N° = \frac{180A}{\pi r}, \quad r = \frac{180A}{\pi N°},$$

peuvent servir à trouver : 1° la longueur d'un arc lorsqu'on connaît le rayon et le nombre de degrés qu'il a ; 2° le nombre de degrés d'un arc dont on connaît la longueur et le rayon ; 3° le rayon d'un arc dont on connaît la longueur et le nombre de degrés.

286. IV. En appelant *Sect.* le secteur d'un cercle, N° le nombre de degrés de son arc, on a évidemment la proportion : le cercle entier est au secteur comme 360° est à N°, c'est-à-dire,

$$Cerc. : Sect. :: 360° : N°.$$

Puis, en mettant à la place de *Cerc.* sa valeur πr^2, il vient

$$\pi r^2 : Sect. :: 360° : N°.$$

Cette proportion aussi bien que l'équation qu'on en tire, savoir : $360 \times Sect. = \pi r^2 N°$, d'où l'on déduit successivement

$$Sect. = \frac{\pi r^2 N°}{360}, \quad N° = \frac{360 \times Sect.}{\pi r^2}, \quad r = \sqrt{\frac{360 \times Sect.}{\pi N°}}$$

peuvent servir à trouver : 1° l'aire d'un secteur quand on connaît le rayon et le nombre de degrés de l'arc qui le termine ; 2° le nombre de degrés d'un secteur lorsqu'on connaît son aire et son rayon; 3° le rayon d'un secteur lorsqu'on connaît son aire et le nombre de degrés de l'arc qui le termine. Nous engageons à faire l'application de toutes ces formules à des cas particuliers.

Après cette digression, nous allons terminer le présent chapitre par une note sur l'art de lever les plans.

NOTIONS SUR L'ART DE LEVER DES PLANS.

287. L'art de lever les plans n'est autre chose que l'art de faire sur le papier une figure semblable à une figure donnée sur le terrain, et à représenter sur cette feuille de papier les différents objets par des points homologues à ceux qu'ils occupent sur le terrain. Voici quelques-uns des moyens qu'on emploie pour cela.

I. Lorsqu'on veut seulement faire le plan du contour d'une terre ABCDE (*fig.* 138), un premier moyen consiste à mesurer, avec autant d'exactitude que possible, les côtés AB, BC, CD, etc., et les angles qu'ils forment (94.), puis à représenter par des parties d'une échelle (117.) les lignes mesurées (AB, par exemple, par 100 divisions de l'échelle, si AB vaut 100 mètres, et ainsi des autres). On fait ensuite avec les lignes ainsi déterminées, des angles B′, C′, D′, etc., égaux aux angles B, C, D, et la figure construite est évidemment semblable à celle qui est placée sur le terrain (255.). Remarquons toutefois que ce moyen rigoureux dans la théorie, est difficilement exact dans la pratique, de petites erreurs dans la mesure des angles A, B, C, D, ou sur la mesure des côtés, font qu'il devient très-difficile de fermer, en la terminant, la figure A′ B′ C′ D′ E′.

Nota. — Si l'on ne voulait pas se servir d'échelle, mais construire le plan sur une ligne donnée A′B′ de manière que cette ligne sur le plan fût homologue de AB sur le terrain, il faudrait déterminer les autres côtés B′C′, C′D′, etc., par des quatrièmes proportionnelles (113.), de manière qu'on eût AB : A′B′ :: BC : B′C′; AB : A′B′ :: CD : C′D′; etc.; etc.

288. II. Une autre manière de lever le plan du polygone ABCDE (*fig.* 138) consiste à le diviser en triangles, puis à faire sur le papier des triangles semblables à ceux qui sont sur le terrain, et qui soient disposés de la même manière (258.). Du reste, cette décomposition en triangles du polygone donné sur le terrain peut se faire de bien des manières différentes; ainsi, on peut joindre, par exemple, un sommet à tous les autres, comme dans la figure 138, et mesurer assez de choses pour construire sur le papier les triangles B'C'D', B'D'E', etc., semblables aux triangles BCD, BDE, etc.

289. III. Un autre moyen de fixer par des triangles les différents points A', B', C', D', E', F', M' (*fig.* 142), comme les points A, B, C, D, E, F, M sont placés sur le terrain, est de supposer réunis par des lignes avec les deux extrémités, A et B par exemple, d'un même côté, tous les autres sommets du polygone donné et aussi tous les points tels que M que l'on veut fixer sur le plan. Les triangles ACB, ADB, AEB, AFB, AMB détermineront la position des points C, D, E, F, M. En faisant ensuite sur une même ligne A'B' des triangles semblables aux triangles ACB, ADB, etc., on déterminera la position des points C', D', E', F', M'. En les réunissant de manière à fermer le contour du polygone, on aura le plan demandé.

290. Quand on emploie ce moyen, on prend ordinairement la ligne à laquelle on rapporte toutes les autres dans l'intérieur du terrain, de la manière la plus commode pour l'opération que l'on se propose d'exécuter, et l'on emploie, pour tracer le plan, un instrument qu'on appelle *planchette* et dont voici la description et l'usage.

RSTU (*fig.* 143) est une planche de 40 à 45 centimètres de long et à peu-près de pareille largeur, portée sur un pied comme le graphomètre. Sur cette planche on étend une feuille de papier que l'on arrête par le moyen d'un chassis qui l'entoure. LN est une règle garnie de pinnules à ses deux extrémités. Lorsqu'on veut faire usage de cet instrument, pour tracer le plan d'un terrain et des différents objets G, H, I, etc., qui y sont situés, on prend une base AM, et posant le pied de l'instrument en A, on fait planter un piquet en M; puis on pose la règle LN sur le papier, et on la dirige de manière à voir le piquet M à travers les deux pinnules; alors on tire le long de cette règle une ligne *am* qui sera dans le plan que l'on fait la ligne homologue de AM. On fait ensuite tourner la règle autour du point *a*, jusqu'à ce qu'on rencontre successivement, en regardant à travers les pinnules, les différents objets, G, H, I, etc. A mesure qu'on en rencontre un, on tire tout le long de la règle une ligne indéfinie dirigée vers cet objet. Ayant ainsi parcouru tous les objets dont on veut figurer la position, on transporte l'instrument en M, et on laisse un piquet en A; puis, quand on a placé la planchette de manière que le point *m* soit placé au-dessus du point M, et que la ligne *am* soit dans la direction de la ligue *am*, on fait au point *m* à l'égard des objets, I, H, G, etc., les mêmes opérations que l'on a faites à l'autre station. Les lignes *m*I, *m*H, *m*G qui vont ou sont imaginées aller à ces objets rencontrent les premiers aux point *i*, *h*, *g*, qui sont les représentations des points I, H, G. Quand on a ainsi fixé sur le papier tous les points homologues des points donnés sur le terrain ; on joint par des lignes ceux qui doivent être réunis pour former le contour du terrain que l'on veut représenter, et aussi ceux qui correspondent aux extrémités des lignes dont l'on veut fixer la position sur le plan que l'on construit, et l'on a ainsi le plan demandé.

291. IV. Enfin, un autre moyen souvent employé est de tirer dans l'intérieur du terrain une ligne ST (*fig.* 144), dont on fixe la direction par des jalons placés de distance en distance ; puis on détermine (ce qui avec un peu d'habitude se fait très-facilement au moyen d'un petit instrument propre à mesurer les angles droits et qu'on appelle *équerre*), on détermine, disons-nous, les points M, N, O, P, Y, Q, R, où tomberaient les perpendiculaires abaissées des points A ; B, C, etc., sur ST (la direction de ces perpendiculaires est aussi fixée avec l'équerre et au moyen de jalons). Cela fait, on mesure exactement les lignes MN, NO, OP, PY, YQ, QR, et les perpendiculaires AM, BN, CO, GP, XY, DQ, FR. Puis, si l'on prend sur le papier une ligne M'R', renfermant autant de parties d'une échelle qu'il y a d'unités de longueur dans MR, et si on la divise comme MR est divisée par les points N, O, P, Y, Q, R, en élevant aux points M', N', O', etc., des perpendiculaires renfermant autant de parties de l'échelle qu'on a trouvé d'unités de longueur dans MA, NB, etc., et, en tirant les lignes A'B', B'C', C'D', etc., on fera une figure qui sera précisément le plan demandé.

CHAPITRE XI.

TRANSFORMATION DE FIGURES DONNÉES EN D'AUTRES FIGURES ÉQUIVALENTES, OU QUI SOIENT AVEC LES PREMIÈRES DANS UN RAPPORT DONNÉ.

292. Les principes exposés dans les chapitres précédents servent de base à la résolution d'un assez grand nombre de problèmes dans

lesquels on se propose de changer certaines figures en d'autres équivalentes, ou qui soient avec les premières dans un rapport donné. Nous allons résoudre quelques-uns de ces problèmes.

PREMIER PROBLÈME.

293. Changer un rectangle ou un parallélogramme MNOP (*fig.* 145), en un autre rectangle dont la base est donnée, ou bien en un carré.

Solution. — 1° Pour pouvoir construire le rectangle demandé, il suffira évidemment d'en trouver la hauteur; or, en apppelant B et H la base et la hauteur du rectangle ou du parallélogramme donné, son aire sera exprimée par $B \times H$ (235.); de même, en appelant B' la base donnée et X la hauteur du rectangle demandé, son aire sera exprimée par $B' \times X$, et puisque ce dernier doit être équivalent à MNOP, on aura

$$B' \times X = B \times H, \quad \text{d'où l'on tire} \quad B' : B :: H : X,$$

et l'on voit que la hauteur demandée est une quatrième proportionnelle aux trois lignes B', B, H, que nous trouverons par le procédé du n° 113. Quand on l'aura trouvée, il sera facile de construire le rectangle demandé.

2° Si l'on voulait transformer la figure donnée en un carré, en appelant X le côté de ce carré, son aire serait exprimée par X^2; on aurait alors,

$$X^2 = B \times H, \quad \text{d'où l'on tire} \quad B : X :: X : H,$$

et l'on voit que la ligne demandée est une moyenne proportionnelle aux deux lignes B et H que l'on trouvera par le procédé du n° 176. Le côté du carré trouvé, sa construction ne présentera aucune difficulté.

DEUXIÈME PROBLÈME.

294. Changer un triangle en un autre équivalent mais dont la base est donnée, ou en un carré.

Solution. — 1° En appelant encore B et H, la base et la hauteur du triangle demandé, son aire sera $\frac{B \times H}{2}$ (244.); en appelant

B' la base donnée du triangle à construire, et X la hauteur qu'il faut trouver, son aire sera $\frac{B' \times X}{2}$; donc on doit avoir

$$\frac{B' \times X}{2} = \frac{B \times H}{2}, \quad \text{ou bien} \quad B' \times X = B \times H;$$

d'où l'on tire $B' : B :: H : X$,

et l'on trouvera encore ici la hauteur du triangle demandé en cherchant une quatrième proportionnelle aux trois lignes B', B, H (113.); il ne s'agira plus que de construire un triangle avec la base donnée B' et la hauteur trouvée X; mais ici le problème sera susceptible d'une infinité de solutions, puisqu'une infinité de triangles différents peuvent avoir des bases et des hauteurs égales (246.).

2° Si l'on voulait transformer le triangle donné en un carré, en appelant encore X le côté du carré, on devrait avoir

$$X^2 = \frac{B \times H}{2}, \quad \text{d'où} \quad B : X :: X : \frac{H}{2},$$

et l'on aurait le côté de ce carré en cherchant une moyenne proportionnelle (176.) entre la base et la moitié de la hauteur du triangle donné.

TROISIÈME PROBLÈME.

295. Changer un polygone donné en un polygone équivalent qui ait un côté de moins, puis en un triangle et ensuite en un carré équivalent.

Solution. — 1° Pour résoudre la première partie du problème proposé, c'est-à-dire *pour changer un polygone en un autre polygone équivalent qui ait un côté de moins*, soit le polygone donné ABCDE (*fig.* 146) : tirons la ligne AC, de manière à séparer le triangle ABC, du reste du polygone; cela posé, si l'on pouvait, au triangle ABC, substituer un autre triangle équivalent, en donnant à la figure qui en résulterait un côté de moins, le problème serait résolu; or la chose est facile, car, si par le point B on tire BT parallèle à AC, si l'on prolonge DC jusqu'en F, et qu'on tire AF, le triangle AFC sera équivalent à ABC puisque ces deux triangles ont une base commune AB, et que leurs sommets B et F sont sur une même parallèle à cette base (246.); donc au triangle ABC on peut substituer le triangle AFC; mais la figure AFDE a évidemment un côté de moins que la figure proposée; donc le problème est résolu.

Nota. — Si l'angle B (*fig.* 147) était rentrant, la construction serait, à bien peu près, la même; seulement la parallèle à AC couperait la ligne DC elle-même et non pas son prolongement. Du reste, il est extrêmement facile de prouver que, dans ce cas, la figure AFDE est équivalente à ABCDE.

2° *Pour changer un polygone donné en un triangle équivalent*, on le transforme d'abord en un polygone équivalent qui ait un côté de moins, puis celui-ci en un troisième qui ait encore un côté de moins que le second, et ainsi de suite, jusqu'à ce qu'on arrive à un triangle.

3° *Pour changer un polygone donné en un carré équivalent*, on le transforme d'abord en un triangle équivalent, puis celui-ci en un carré par le procédé du n° 294.

QUATRIÈME PROBLÈME.

296. Changer un cercle en un carré équivalent.

En appelant R le rayon du cercle, et C sa circonférence, l'expression de son aire serait $\frac{R \times C}{2}$ (251.). De même, en appelant X le côté du carré demandé, son aire serait représentée par X^2; ainsi on devrait avoir

$$X^2 = \frac{R \times C}{2}; \text{ d'où l'on tire } R : X :: X : \frac{C}{2};$$

et l'on voit que le côté du carré est une moyenne proportionnelle entre le rayon et la moitié de la circonférence. Cette moyenne proportionnelle serait bien facile à trouver, si, un rayon étant donné, on pouvait obtenir exactement en ligne droite la valeur de la circonférence, mais jusqu'ici tous les efforts des géomètres ont échoué devant ce problème, dont la résolution est actuellement abandonnée.

Remarquons que le problème proposé serait très-facile à résoudre si on avait exactement le rapport de la circonférence au rayon. Supposons en effet que ce rapport, au lieu d'être à peu près $\frac{44}{7}$, fût exactement $\frac{44}{7}$; alors, en divisant un rayon en 7 parties égales et en prenant sur une ligne droite 44 de ces parties, on aurait exactement la longueur de la circonférence; la moitié de cette longueur serait de 22 parties, et alors une moyenne proportionnelle entre le rayon de 7 parties et la ligne de 22 serait le côté du carré. Mais il faut renoncer à ce moyen de résoudre le *problème de la quadrature du cercle*, puisque, comme nous l'avons déjà dit, la circonférence étant incommensurable avec son rayon, on n'en trouvera jamais exactement le rapport.

Nota. Le problème de la quadrature du cercle est un des trois problèmes célèbres dans l'antiquité : les deux autres, celui de la *trisection de l'angle* et celui de la *duplication du cube,* qui consistent à partager un angle en trois parties égales et à faire un cube double d'un autre, se résolvent par des moyens qui ne peuvent trouver leur place dans la Géométrie élémentaire.

CINQUIÈME PROBLÈME.

297. Faire un carré équivalent à deux autres ABCD, A'B'C'D' (*fig.* 148), ou bien à trois, quatre, etc., autres.

Solution. — En appelant A et B les côtés des deux carrés donnés, leurs aires seraient représentées par A^2 et B^2; en appelant X le côté du carré demandé, son aire sera représentée par X^2, et l'on devra avoir

$$X^2 = A^2 + B^2.$$

Ce qui fait voir que le côté du carré demandé est l'hypoténuse d'un triangle rectangle dont les deux autres côtés sont A et B (128.). Il faudra donc, pour résoudre le problème proposé, tirer deux lignes qui se coupent à angle droit en O (*fig.* 149), prendre OP égal au côté du premier carré, OR égal au côté du second : l'hypoténuse PR sera le côté du carré demandé, qu'il sera facile de construire.

Si on voulait faire un carré égal à la somme de trois, quatre, etc. autres, on en ferait d'abord un égal à la somme des deux premiers, puis un autre égal à cette somme plus le troisième carré donné, puis un troisième égal à cette seconde somme plus le quatrième carré donné, et ainsi de suite.

SIXIÈME PROBLÈME.

298. Faire un carré double, triple, quadruple, etc. d'un autre.

Solution. — Ce problème est le même que le précédent, quand on suppose égaux les carrés donnés ABCD, A'B'C'D', etc.

SEPTIÈME PROBLÈME.

299. Faire un polygone équivalent et semblable à deux, trois, etc. autres ABCDE, A'B'C'D'E', etc. (*fig.* 150), ou semblable à un autre, et double, triple, quadruple de cet autre.

Solution. — Ce problème revient aux deux précédents et à celui du n° 297. Ainsi, pour faire un polygone équivalent et semblable aux deux polygones ABCD, A'B'C'D', on cherche une ligne qui, dans le polygone demandé, soit l'homologue des lignes AB et A'B', par exemple, ce que l'on fait par le procédé que nous venons de donner (297.). Puis sur cette ligne, considérée comme homologue de AB, on construit un polygone semblable à ABCDE (287.), et le polygone ainsi formé est le polygone demandé. On sait, en effet, que si, sur les trois côtés d'un triangle rectangle, considérés comme homologues, on construit des figures semblables, celle construite sur l'hypoténuse est égale à la somme des deux autres. (273.)

HUITIÈME PROBLÈME.

300. Faire des cercles équivalents à la somme de deux, ou de trois, ou de quatre, etc. autres, ou bien double, triple, quadruple, etc. d'un autre.

Solution. — Ce problème revient encore au cinquième et au sixième problème que nous venons de résoudre, car, en substituant les rayons des cercles dont il s'agit aux côtés des carrés dont il était question dans le cinquième et dans le sixième problème, on déterminera les rayons des cercles demandés comme on a déterminé les côtés des carrés qui satisfont à ces problèmes, Ainsi, en appelant R et R' les rayons de deux cercles donnés, pour trouver le rayon d'un autre cercle égal à leur somme, il faut construire un triangle rectangle dans lequel les côtés de l'angle droit soient R et R', l'hypoténuse de ce triangle sera le rayon demandé comme nous l'avons établi dans le n° 276.

NEUVIÈME PROBLÈME.

301. Faire un carré qui soit égal à la différence des deux autres ABCD, A'B'C'D' (*fig.* 151).

Solution. — Appelons A le côté du plus grand carré ABCD, et A' le côté du second, les aires de ces carrés seront représentées par A^2 et A'^2. De même, appelons X le côté du carré demandé, son aire sera exprimée par X^2, et l'on devra avoir

$$X^2 = A^2 - A'^2;$$

d'où l'on voit (237.) que le côté du carré demandé est un côté de l'angle droit d'un triangle rectangle, dans lequel A, ou le côté du plus grand carré donné, est l'hypoténuse, et A', ou le côté du plus petit carré donné, est l'autre côté de l'angle droit. Il ne s'agira donc plus que de construire un triangle rectangle, connaissant l'hypoténuse et un côté de l'angle droit, ce que nous avons appris à faire (76.); le côté du carré demandé étant trouvé, il n'y aura plus qu'à construire le carré (203.).

302. *Nota.* — Le même procédé servirait évidemment à faire un cercle qui fût la différence de deux autres, ou un polygone semblable à deux autres et qui en fût la différence.

DIXIÈME PROBLÈME.

303. Un carré ABCD (*fig.* 132) étant donné, construire un autre carré, ou, ce qui revient au même, trouver le côté d'un autre carré qui soit au premier comme deux lignes données NO, MN sont entre elles.

Solution. — Le principe pour la solution de ce problème se trouve dans ce que nous avons dit plus haut (237.) que si, sur les deux côtés de l'angle droit d'un triangle rectangle ABC, on construit deux carrés X et Y (*fig.* 132), ils seront entre eux comme les parties AM, CM de l'hypoténuse comprises entre les côtés de l'angle droit et le pied de la perpendiculaire BM. On voit en effet que, pour résoudre le problème proposé, il ne s'agit que de construire un triangle rectangle, tel qu'en abaissant du sommet de l'angle droit une perpendiculaire sur l'hypoténuse, elle partage cette hypoténuse en deux parties proportionnelles à MN et NO, et tel encore que le côté adjacent à la partie proportionnelle à MN soit égal au côté du carré donné; pour cela, voici le procédé qui se présente.

Portez les deux lignes MN, NO, à la suite l'une de l'autre; sur MO comme diamètre, décrivez une demi-circonférence; par le point N élevez la perpendiculaire NA, et tirez les lignes AM, AO; le triangle MAO sera rectangle en A (162.). Prenez sur AM et à partir du point A une partie AB, égale au côté du carré donné. (Le point B tombera entre A et M, ou au-delà du point M, suivant que AB sera plus petit ou plus grand que AM.) Par le point B, tirez BX parallèle à MO, et AX sera le côté du carré demandé. En effet, on a, d'après ce qui précède,

$$\overline{AX}^2 : \overline{AB}^2 :: SX : SB,$$

et comme

$$SX : SB :: NO : NM,$$

on a

$$\overline{AX}^2 : \overline{AB}^2 :: NO : NM.$$

Ainsi, le carré fait sur AX sera au carré fait sur AB comme les deux lignes NO et NM sont entre elles, et, par conséquent, le problème proposé sera résolu.

304. *Nota.* — Il est évident que le même procédé servirait à faire un cercle, ou un polygone quelconque, qui fût avec un autre cercle, ou un autre polygone semblable, dans le rapport de deux lignes données. Les rayons dans les cercles ou les côtés homologues dans les polygones devraient, dans la construction précédente, être substitués au côté du carré donné.

CHAPITRE XII.

DES PLANS ET DES LIGNES CONSIDÉRÉES DANS LEURS DIFFÉRENTES POSITIONS RELATIVEMENT AUX PLANS.

305. Jusqu'ici, nous avons supposé toutes les lignes et toutes les figures dont nous avons parlé contenues dans un même plan; nous allons maintenant considérer les plans dans l'espace, et aussi les propriétés des lignes dans leurs différentes positions relativement aux plans.

Nous avons déjà dit qu'un *plan* est une surface avec laquelle on peut faire coïncider une ligne droite dans tous les sens (4.). Il suit de cette définition que dès qu'une ligne a deux de ses points dans un plan, elle y est tout entière. Nous allons d'abord établir relativement aux plans les trois propositions suivantes.

PREMIÈRE PROPOSITION.

306. Par deux points A et B (*fig.* 151 *bis*), et, par conséquent, par une ligne droite AB, on peut faire passer une infinité de plans; mais par trois points non en ligne droite on n'en peut faire passer qu'un seul.

Démonstration. — En effet, on conçoit qu'un plan passant par la ligne AB peut, en tournant autour de cette ligne, prendre toutes les positions représentées dans la figure 151 *bis*, et une infinité d'autres, mais si on l'assujétit à passer par un autre point, P, par exemple, on voit que sa position est complètement déterminée.

DEUXIÈME PROPOSITION.

307. Deux lignes droites AB, CD qui se coupent (*fig.* 152 *ter*), sont toujours dans un même plan. Il en est de même des trois côtés d'un triangle AOD.

Démonstration. — En effet, supposons un plan passant par la ligne AB, et, par conséquent, par le point O, intersection des lignes AB et CD; si nous supposons que ce plan tourne de manière à passer par le point D (supposition que nous pouvons faire certainement), dès-lors, la ligne CD aura deux de ses points dans le plan dont il s'agit, et, par conséquent, elle y sera tout entière. Donc, les deux lignes AB, CD qui se coupent sont dans un même plan.

Il en est évidemment de même du triangle AOD, puisque le plan qui passe par les lignes AB, CD, renferme les deux points A et D et, par conséquent, la droite AD.

308. *Nota.* — Quand deux lignes droites sont situées dans un même plan, ce plan porte le nom de *plan de ces deux lignes*. Il résulte de la définition que nous avons donnée des parallèles dans le nº 43., et de la proposition qui précède, que deux lignes sont dans un même plan : 1º lorsqu'elles sont parallèles; 2º lorsque suffisamment prolongées elles se rencontrent. Dans tous les autres cas, deux lignes ne sont pas situées dans un même plan.

TROISIÈME PROPOSITION.

309. L'intersection XY de deux plans MN, ST (*fig.* 153), est toujours une ligne droite.

Démonstration. — En effet, si cette intersection n'était pas une ligne droite, on pourrait y prendre trois points non en ligne droite; et, comme elle est commune aux deux plans MN, ST, il s'en suivrait que par trois points non en ligne droite on peut faire passer deux plans différents ce qui est impossible (306.).

310. Une ligne est dite *perpendiculaire à un plan*, lorsqu'elle ne penche d'aucun côté de ce plan. Elle lui est dite *parallèle*, lorsqu'elle ne peut le rencontrer quelque prolongés qu'on les suppose. Elle est dite *oblique* sur un plan lorsqu'elle ne lui est ni parallèle ni perpendiculaire, ou, en d'autres termes, lorsque suffisamment prolongée, elle tombe sur le plan en penchant plus d'un côté que d'un autre.

Nous allons établir sur les perpendiculaires et les obliques à des plans les propositions suivantes.

PREMIÈRE PROPOSITION.

311. Une perpendiculaire AB (*fig.* 154) à un plan MN est perpendiculaire à toutes les droites menées par son pied B dans le plan.

Démonstration. — En effet, si AB n'était pas perpendiculaire à CD, par exemple, les angles ABC, ABD ne seraient pas droits et la ligne AB, étant plus penchée d'un côté de CD que de l'autre, pencherait aussi plus d'un côté du plan MN que du côté opposé, et, par conséquent, ne serait pas perpendiculaire au plan.

Nota. — La proposition qui précède pourrait être prise comme définition d'une perpendiculaire à un plan. Car elle exprime précisément l'idée que nous avons voulu donner, lorsque, pour employer une expression plus ordinaire, nous avons dit qu'une ligne perpendiculaire à un plan est celle qui ne penche d'aucun côté de ce plan.

DEUXIÈME PROPOSITION.

312. Si une ligne AB (*fig.* 154) est perpendiculaire à un plan MN, aucune ligne menée par le pied B de cette perpendiculaire, hors du plan MN, ne sera perpendiculaire à ce plan.

Démonstration. — En effet, supposons une ligne BS menée par le point B au-dessus ou au-dessous du plan MN; soit BD l'intersection du plan MN, par le plan des deux lignes AB et BS, l'angle ABD sera droit, d'après la proposition précédente; donc l'angle ABS plus petit ou plus grand que ABD (suivant que AS sera au-dessus ou au-dessous du plan MN), ne sera pas droit; donc BS ne sera pas perpendiculaire sur AB.

313. *Corollaires.* — Il suit de ce qui précède : 1° *que le plan* MN (*fig.* 154), *auquel* AB *est perpendiculaire, contient toutes les perpendiculaires que l'on peut tirer par le point* B *à la ligne* AB.

314. 2° *Que, par un point* B (fig. 154) *d'une ligne* AB, *on ne peut mener qu'un seul plan perpendiculaire à la ligne* AB; car si l'on suppose un autre plan passant par le point B, les lignes tirées par le point B dans ce nouveau plan ne seront pas perpendiculaires à AB, et, par conséquent, AB ne sera pas perpendiculaire à ce nouveau plan (311.).

315. 3° *Qu'une ligne* AB (*fig.* 155) *perpendiculaire à deux droites* BD, BH, *menées du point* B *dans le plan* MN, *est perpendiculaire à ce plan.* En effet, le plan mené par le point B perpendiculairement à AB, devrait renfermer les deux lignes BD, BH; donc il se confondrait avec MN, puisque deux lignes droites déterminent complètement la position d'un plan.

316. 4° Il suit encore de là, *un moyen bien simple d'élever une perpendiculaire à un plan donné* SO, *et par un point* A *situé dans ce plan* (*fig.* 156). Prenons pour cela un rectangle OCPD, d'une matière flexible, une carte, par exemple; plions ce rectangle de manière que le pli AB forme une ligne perpendiculaire à DP, et por-

tons-le, ainsi disposé, sur le plan SO. En faisant coïncider le point donné A du plan SO, avec le point A du pli de la carte, la ligne AB sera perpendiculaire au plan SO, puisqu'elle est perpendiculaire sur les lignes AP, AD (311.) menées du point A dans ce plan.

Pour abaisser d'un point B (*fig.* 156), pris hors d'un plan SO, une perpendiculaire sur ce plan, il suffira de placer le rectangle DOCP, plié comme nous l'avons dit, de manière que le pli AB passe par le point B.

TROISIÈME PROPOSITION.

317. Par un point B, pris dans un plan MN (*fig.* 157), on ne peut tirer qu'une seule perpendiculaire à ce plan.

Démonstration. — En effet, supposons qu'on pût en tirer deux, BA, BC; par ces deux lignes supposons qu'on fasse passer un plan, et soit ST son intersection avec le plan MN. Pour que les lignes AB, CB, fussent perpendiculaires au plan MN, il faudrait qu'elles fussent perpendiculaires à la ligne TS menée de leur pied dans le plan MN. Or, cela est impossible, car ces trois lignes AB, CB, ST sont toutes les trois dans un même plan, et nous avons vu (21, 32.) que dans un même plan, on ne peut tirer qu'une seule perpendiculaire à une ligne.

QUATRIÈME PROPOSITION.

318. Par un point A, situé hors d'un plan MN (*fig.* 158), on ne peut tirer qu'une seule perpendiculaire à ce plan.

Démonstration. —Supposons qu'on puisse en tirer deux AB, AD, et tirons la ligne BD. Pour que les lignes AB, AD fussent perpendiculaires au plan MN, elles devraient toutes deux être perpendiculaires à BD ce qui est impossible (32.). Donc etc.

CINQUIÈME PROPOSITION.

319. Si, par un même point B (*fig.* 159), on tire des obliques à un plan SO, qui s'écartent également du pied de la perpendiculaire AB à ce même plan, elles seront égales; et, si elles s'écartent inégalement, celle qui s'écarte le plus sera la plus longue; de plus, la perpendiculaire sera plus courte que toutes les obliques.

Démonstration. — 1° Soient les deux obliques BD, BN (*fig.* 159), les deux triangles BAD, BAN sont rectangles; on a donc (130.)

$$BD = \sqrt{\overline{AB}^2 + \overline{AD}^2}, \quad \text{et} \quad BN = \sqrt{\overline{AB}^2 + \overline{AN}^2},$$

et ces deux équations font bien voir que **BD** égalera **BN**, si l'on suppose que **AD** égale **AN**; donc les obliques qui s'écartent également du pied de la perpendiculaire sont égales.

2° Mais si l'on suppose la ligne **AN**, plus grande que **AD**, la valeur de **BN** sera évidemment plus grande que celle de **BD**; donc l'oblique qui s'écarte le plus de la perpendiculaire est la plus longue.

3° Enfin les mêmes équations font voir que la ligne **BD** est toujours plus grande que **AB**, donc l'oblique est toujours plus longue que la perpendiculaire.

320. *Corollaire.* — On peut conclure de ce qui précède, *un moyen d'abaisser d'un point* **A** (*fig.* **160**), *pris hors d'un plan, une perpendiculaire sur ce plan;* il suffit de décrire de ce point au moyen d'un fil, un cercle **PBC**, le centre de ce cercle sera le pied de la perpendiculaire. En effet, les obliques telles que **AB**, **AC**, **AP**, étant de même longueur, doivent s'écarter également du pied de la perpendiculaire; or il n'y a que le centre du cercle tracé qui soit à égale distance des points **B**, **C**, **P**.

321. *Nota.* — Ce qu'on appelle l'*angle fait par une ligne oblique* **BD** *avec un plan* **SO**, n'est autre chose que l'angle **BDA** fait (*fig.* **159**) par l'oblique avec la ligne qui joint le point **D** au pied de la perpendiculaire **AB**, tirée d'un des points de l'oblique sur le plan; d'où il suit qu'on aura la valeur de l'angle fait par l'oblique **BD** avec le plan **SO** en mesurant l'angle **BDA**.

322. Lorsque deux plans **AB**, **AD**, (*fig.* **161**) se coupent, l'espace compris entre ces plans indéfiniment prolongés, ou plutôt l'inclinaison d'un de ces plans sur l'autre, porte le nom d'*angle de ces plans* ou d'*angle dièdre.* On le désigne ordinairement par quatre lettres dont les deux du milieu indiquent l'intersection des deux plans dont il s'agit, ainsi l'on dit l'angle **DACB**.

Lorsque trois ou plus de trois plans passent par un même point et se rencontrent deux à deux, l'espace compris entre ces plans supposés indéfiniment prolongés porte le nom d'*angle solide* ou *polyèdre.* Ainsi, dans la figure **179**, l'espace compris entre les trois plans **MXO**, **OXN**, **MXN**, est un angle solide ou polyèdre; il en est de même, dans la figure **178**, de l'angle formé par les quatre plans **ASB**, **BSC**, **CSD**, **DSA**. Le point où se réunissent les plans qui forment un angle solide est le *sommet* de cet angle; les intersections de ces plans en sont les *arêtes.* Pour désigner un angle solide, on énonce d'abord la lettre qui se trouve au sommet, et ensuite celles placées aux extrémités des arêtes. Ainsi, l'on dira l'angle **XMNO** pour désigner celui représenté par la figure 179, l'angle SABCD pour désigner celui représenté par la figure 178. Nous nous contenterons d'établir, relativement aux angles formés par des plans, les propositions suivantes. (Voir la *note sixième*, nº 52*.)

PROPOSITION.

323. Un angle dièdre DACB (*fig.* 162) a pour mesure l'angle plan compris entre les deux lignes HI, HG, menées dans les deux plans AD, AB qui forment cet angle par un même point H de leur intersection, et perpendiculairement à cette intersection.

Démonstration. — En effet, il est facile de voir que si l'on suppose le plan AD d'abord couché sur AB, et, par conséquent, la ligne HI couchée aussi sur HG, puis si l'on suppose le plan AD tournant autour de l'intersection AC pour prendre les positions successives AD, AD′, AD″, etc., l'angle IHG passera par les mêmes degrés de variation que l'angle dièdre formé par les deux plans; donc le nombre de degrés de l'un sera aussi le nombre de degrés de l'autre, donc l'un pourra servir de mesure à l'autre. On pourrait aussi prouver cette proposition par une série de propositions analogues à celles que nous avons énoncées et démontrées dans les nºˢ 87, 88, 89, 92.

324. *Corollaire.* — Il suit de là que les angles dièdres jouissent des mêmes propriétés que les angles plans qui les mesurent. Ainsi, par exemple, les angles dièdres TXYN, SXYM (*fig.* 153), opposés par la ligne XY qui leur sert de sommet, sont égaux puisqu'ils ont pour mesures les angles plans opposés au sommet, formés par des lignes tirées dans les plans MN et ST, par un même point de leur intersection XY, et perpendiculairement à cette intersection.

325. Un plan MN (*fig.* 163) est dit *perpendiculaire à un autre plan* RT, lorsqu'il tombe sur cet autre plan de manière à former avec lui deux angles dièdres égaux.

PROPOSITION.

326. Un plan MN (*fig.* 163) qui passe par une ligne OS, perpendiculaire à un autre plan RT, est aussi perpendiculaire au plan RT.

Démonstration. — En effet, si, par le point O, on tire dans le plan RT la ligne OB, perpendiculaire à MO : 1º l'angle SOB sera droit, puisque OS est perpendiculaire au plan RT (311.); 2º cet angle sera la mesure de l'angle dièdre formé par les deux plans, puisqu'il est formé de deux lignes OS, OB menées dans ces plans par un point O de leur intersection et perpendiculairement à cette intersection (323.); donc le plan MN sera perpendiculaire au plan RT.

327. *Corollaire.* — Il suit de là, *un moyen bien simple de mener un plan perpendiculaire à un autre plan* SO (*fig.* 156), par un point, ou par une ligne, pris soit dans ce plan, soit hors de ce plan; car en reprenant le rectangle ODPC plié comme nous l'avons dit plus haut (316.), il suffira de le porter sur le plan SO, de manière que le point ou la ligne dont il s'agit soit dans le plan ABCP, par exemple; ce plan sera le plan demandé. En effet, il est perpendiculaire au plan SO puisqu'il passe par une ligne AB perpendiculaire sur le plan SO.

328. Nous avons déjà dit qu'une ligne est *parallèle à un plan,* lorsqu'elle ne peut le rencontrer quelque prolongés qu'on les suppose. Deux plans sont dits *parallèles* lorsque, indéfiniment prolongés, ils ne peuvent se rencontrer. Nous allons établir sur les plans, et sur les lignes parallèles considérées dans l'espace, les propositions suivantes.

PREMIÈRE PROPOSITION.

329. Si une ligne AB (*fig.* 164) est parallèle à une droite CD menée dans un plan MN, elle est parallèle à ce plan.

Démonstration. — En effet, si la ligne AB, qui est dans le plan ABCD, rencontrait le plan MN, cela ne pourrait avoir lieu qu'en quelque point de l'intersection CD de ces deux plans; mais AB ne peut rencontrer CD, puisque ces lignes sont parallèles; donc aussi AB ne rencontrera pas le plan MN quelque prolongés qu'on les suppose.

DEUXIÈME PROPOSITION.

330. Les intersections FE, GH (*fig.* 165) de deux plans MN, PQ, parallèles entre eux, par un troisième plan EH, sont des lignes parallèles.

Démonstration. — En effet, ces intersections, étant toutes les deux dans le plan EH, se rencontreraient si elles n'étaient pas parallèles; mais si elles se rencontraient, les deux plans MN, PQ, se rencontreraient aussi, ce qui est impossible, puisqu'ils sont parallèles; donc ces intersections sont parallèles.

TROISIÈME PROPOSITION.

331. Deux plans MN, PQ (*fig.* 166) perpendiculaires à une même droite AB, sont parallèles entre eux.

Démonstration. — En effet, s'ils se rencontraient, soit O, un des points qui leur seraient communs, en tirant de ce point des lignes aux points A et B, ces deux lignes devraient être perpendiculaires à AB (311.), ce qui est impossible (32.); donc les deux plans ne se rencontreront pas.

QUATRIÈME PROPOSITION.

332. Si deux plans MN, PQ (*fig.* 166) sont parallèles, toute ligne AB perpendiculaire à l'un d'eux, à PQ, par exemple, sera aussi perpendiculaire à l'autre plan MN.

Démonstration. — Pour le prouver, supposons un plan passant par la ligne AB, et soient BC et AD ses intersections avec les plans PQ et MN, ces deux lignes BC et AD seront parallèles (330.); or, BC est perpendiculaire à AB (puisque AB est perpendiculaire au plan PQ); donc aussi AD sera perpendiculaire à AB. On prouverait de même que AB est perpendiculaire à toute autre ligne menée du point A dans le plan MN; donc BA est perpendiculaire au plan MN (311.).

CINQUIÈME PROPOSITION.

333. Les lignes parallèles EG, FH (*fig.* 166), comprises entre deux plans parallèles MN, PQ, sont égales.

Démonstration. — Par les lignes parallèles EG, FH, faites passer le plan EGHF, qui rencontrera les plans parallèles MN et PQ, suivant les lignes EF et GH. Les intersections EF, GH seront parallèles entre elles (330.), ainsi que EG, FH; donc la figure EGHF sera un parallélogramme; donc les lignes EG, FH seront égales.

SIXIÈME PROPOSITION.

334. Deux droites comprises entre trois plans parallèles sont coupées en parties proportionnelles.

Démonstration. — Supposons que la ligne AB (*fig.* 167) rencontre les plans parallèles MN, PQ et RS en A, E et B, et que la ligne CD rencontre les mêmes plans en C, F et D, nous disons qu'on aura

$$AE : EB :: CF : FD.$$

Pour le prouver, tirons la ligne AD qui rencontrera le plan PQ en G, et tirons aussi AC, EG, GF, BD; les intersections EG, BD des plans parallèles PQ, RS, par le plan ABD, seront parallèles (330.); donc on aura (102.)

AE : EB :: AG : GD.

Pareillement, les intersections AC, GF étant parallèles, on aura

AG : GD :: CF : FD.

Donc, à cause du rapport commun AG : GD, on aura

AE : EB :: CF : FD;

ce qu'il fallait prouver.

SEPTIÈME PROPOSITION.

335. Si deux angles CAE, DBF (*fig.* 168), non situés dans le même plan, ont leurs côtés parallèles et dirigés dans le même sens, ces angles seront égaux et leurs plans seront parallèles.

Démonstration. — Pour le prouver, supposons AC = BD, AE = BF, et tirons les lignes CE, DF, AB, CD, EF. Puisque la ligne AC est égale et parallèle à BD, la figure ABCD est un parallélogramme (198.); donc la ligne CD est égale et parallèle à AB. Par une raison semblable, la ligne EF sera égale et parallèle à AB; donc on aura aussi la ligne CD égale et parallèle à EF; la figure CEFD est donc encore un parallélogramme, et ainsi le côté EC est égal et parallèle à DF; donc les triangles CAE, DBF, ont les trois côtés égaux chacun à chacun, et sont, par conséquent, égaux; donc les angles CAE, DBF sont égaux.

En second lieu, nous disons que le plan ACE est parallèle au plan BDF; car supposons que le plan parallèle à BDF, qui passe par le point A, rencontre les lignes DC, FE, en d'autres points que C et E, par exemple en G et H, alors, suivant ce que nous avons vu plus haut (333.), les trois lignes AB, GD, HF seraient égales; mais les trois lignes AB, CD, EF le sont déjà; donc on aurait DC = DG et FE = FH, ce qui est absurde; donc le plan ACE est parallèle au plan BDF.

336. *Corollaire.* — *L'égalité de deux angles qui ont leurs côtés parallèles aurait encore lieu, si les ouvertures étaient tournées en sens inverse;* car si l'angle CAE est égal à DBF, l'angle C'AE', formé par les prolongements de CA et de EA sera aussi égal à DBF.

HUITIÈME PROPOSITION.

337. Si, sur un plan MN (*fig.* 169), on élève deux perpendiculaires AB, CD à ce plan, ces deux lignes seront parallèles.

Démonstration. — En effet, si CD n'était pas parallèle à AB, on pourrait tirer par le point C une ligne CP, qui serait parallèle à AB. Cela posé, supposons un plan renfermant les deux lignes CD et CP, et soit CX son intersection avec MN. Par le point A, tirons AY parallèle à CX, les deux angles BAY, DCX seront droits (311.), et, par conséquent, égaux; mais les deux angles BAY, PCX, doivent être égaux, comme ayant leurs côtés parallèles et leurs ouvertures tournées du même côté (335.); donc les deux angles DCX, PCX doivent être égaux, ce qui est impossible. Donc l'hypothèse dont on est parti, à savoir que la ligne CD, perpendiculaire comme AB au plan MN, n'est pas parallèle à AB, est une erreur. Donc, enfin, CD est parallèle à AB; ce qu'il fallait prouver.

338. *Corollaire.* — Il suit des propositions précédentes (333, 337.) que *la distance de deux plans parallèles* MN, PQ (*fig.* 166), *est la même dans tous leurs points.* En effet, si par différents points G, H, K, pris sur le plan PQ, on élève des perpendiculaires à ce plan, et qu'on les prolonge jusqu'au plan MN qu'elles rencontreront aux points E, F, I, elles seront aussi perpendiculaires au plan MN; donc elles mesureront la distance des deux plans, mais elles seront parallèles (337.), et, par conséquent, égales (333.). Donc la distance des deux plans parallèles MN, PQ, sera la même dans tous leurs points.

CHAPITRE XIII.

DE LA MESURE DES VOLUMES TERMINÉS PAR DES PLANS OU DES POLYÈDRES.

339. On appelle en général *volume polyèdre*, ou simplement *polyèdre*, tout volume terminé de tous côtés par des *plans*. Les lignes résultant de l'intersection de deux faces planes adjacentes portent le nom d'*arêtes* du polyèdre. Nous avons déjà dit (322.) que l'espace

angulaire compris entre trois ou plus de trois plans qui se réunissent en un même point porte le nom d'*angle solide*.

Le polyèdre qui a quatre faces (et aucun ne peut en avoir moins), porte le nom de *tétraèdre*, et on appelle *hexaèdre, octaèdre, dodécaèdre, icosaèdre*, celui qui a six, huit, douze ou vingt faces.

On appelle *polyèdre régulier* celui dont toutes les faces sont des polygones réguliers égaux, et dont tous les angles solides sont égaux. Les géomètres démontrent qu'il ne peut y avoir que cinq espèces de polyèdres réguliers, à savoir ceux de quatre, six, huit, douze et vingt faces.

Parmi les polyèdres quelques-uns reçoivent encore des noms particuliers qu'il faut faire connaître.

340. On appelle *prisme* un volume terminé par deux polygones égaux et parallèles ABCD, A'B'C'D' (*fig.* 170), ou ABC, A'B'C' (*fig,* 171), réunis par des faces qui sont des parallélogrammes. Les polygones égaux et parallèles ABCD, A'B'C'D', ou ABC, A'B'C', s'appellent *bases* du prisme; la distance entre les deux bases (distance mesurée par une perpendiculaire commune à ces deux bases) s'appelle *hauteur* du prisme. Lorsque les arêtes qui réunissent les sommets des deux bases sont perpendiculaires à ces bases, le prisme est dit *droit* (*fig.* 170); il est dit *oblique* dans le cas contraire (*fig.* 172). L'ensemble des faces qui réunissent les deux bases est la *surface latérale du prisme*.

Un prisme est dit *triangulaire, quadrangulaire, pentagonal, hexagonal*, etc., suivant que ses bases sont des triangles, des quadrilatères, des pentagones, des hexagones, etc.

341. Quand les bases sont des parallélogrammes, le prisme est appelé *parallélipipède*, ou *rhomboïde;* tel est celui que représente la figure 172. Quand toutes les faces sont des rectangles, ce qui exige que les bases soient rectangulaires et que le prisme soit droit, on l'appelle *parallélipipède rectangle* (*fig.* 170). Enfin, on l'appelle *cube* quand toutes les faces sont des carrés (*fig.* 173); ces carrés doivent nécessairement être égaux.

Nota. — On désigne un prisme en nommant les lettres placées à tous les sommets. Mais, quand ces prismes sont des parallélipipèdes, on se contente souvent de nommer les deux lettres placées à deux sommets opposés; ainsi l'on dit, par exemple, le parallélipipède AC' (*fig.* 170).

Les propositions qui suivent vont établir tout ce qu'il est nécessaire de savoir pour mesurer les volumes des prismes.

PREMIÈRE PROPOSITION.

342. Toute section A"B"C"D" (*fig.* 170) d'un prisme par un plan parallèle à la base est un polygone égal à cette base.

Démonstration. — En effet, si par un point A″ de l'arête AA′ on fait passer un plan parallèle à la base ABCD, on obtiendra une section du prisme A″B″C″D″, dans laquelle les lignes A″B″, B″C″, C″D″, D″A″ sont respectivement parallèles à AB, BC, CD, DA (330.), et, par conséquent, égales à ces mêmes lignes comme parallèles comprises entre parallèles; de plus les angles A, B, C, D de la base ABCD seront respectivement égaux aux angles A″, B″, C″, D″ (335.), donc la section A″B″C″D″ sera égale à la base ABCD.

343. *Corollaire.* — Il suit de là qu'*un prisme* AC′ (*fig.* 170) *peut être considéré comme engendré par le mouvement de sa base* ABCD *se mouvant parallèlement à elle-même, et de manière à ce que les sommets* A, B, C, D *glissent en même temps le long des arêtes* AA′, BB′, CC′, DD′.

DEUXIÈME PROPOSITION.

344. Deux prismes quelconques ABCA'B'C' et ABCDA'B'C'D' (*fig.* 170 et 171) qui ont des bases équivalentes et même hauteur sont équivalents.

Démonstration. — En effet, les sections A″B″C″D″, A″B″C″, faites par des plans parallèles aux bases, étant égales à ces bases, sont équivalentes entre elles; et les prismes, ayant même hauteur, peuvent être considérés comme formés d'un même nombre de sections ou de tranches infiniment minces et équivalentes, superposées les unes aux autres; donc ils sont égaux. (Voir, pour une démonstration plus rigoureuse de cette proposition, la *note cinquième*, nº 47* et suivants.)

TROISIÈME PROPOSITION.

345. Deux prismes ABCDA'B'C'D' et MNOPM'N'O'P' (*fig.* 170 et 174) qui ont des bases équivalentes sont entre eux comme leurs hauteurs AA', MM'.

Démonstration. — La démonstration de cette proposition présente deux cas, suivant que les hauteurs sont commensurables ou ne le sont pas.

1º Si les hauteurs sont commensurables, supposons la commune mesure renfermée 9 fois, par exemple, dans AA′, et 4 fois dans MM′. Si l'on divise AA′ en neuf parties égales et MM′ en quatre parties égales, chaque partie de la première ligne sera égale aux parties de la seconde. Cela posé, si par les points de division on fait passer des plans parallèles aux bases, les sections seront équivalentes, et les prismes ABCDA'B'C'D', MNOPM'N'O'P' seront partagés, le premier en neuf prismes et le second en quatre, qui seront tous équivalents, puisqu'ils auront des bases équivalentes et mêmes hauteurs (344.). Donc ces deux prismes seront entre eux comme 9 est à 4; mais les hauteurs sont aussi entre elles comme 9 est à 4; donc les prismes qui ont des bases équivalentes sont entre eux comme leurs hauteurs.

2° Si les hauteurs des prismes donnés sont incommensurables, on démontrera que ces prismes sont entre eux comme leurs hauteurs, par un raisonnement semblable à celui que nous avons employé dans les propositions énoncées dans les nos 89 et 98. Voir aussi la *note première* no 5*–3°.

QUATRIÈME PROPOSITION.

346. Deux parallélipipèdes rectangles, tels que deux des arêtes qui se réunissent à un même angle solide dans l'un, sont respectivement égales à deux des arêtes qui se réunissent à un angle solide dans l'autre, sont entre eux comme les troisièmes arêtes.

Démonstration. — Soient AC' et MO' (*fig.* 170 et 174) deux parallélipipèdes rectangles, et supposons AB = MN, AD = MP, nous disons qu'on aura

$$Paral.\ AC' : Paral.\ MO' :: AA' : MM'.$$

En effet, si nous prenons pour bases des parallélipipèdes AC', MO', les faces ABCD, MNOP, ces bases seront égales, puisqu'elles sont des rectangles qui ont des bases égales, à savoir AB et MN, et des hauteurs égales, à savoir AD et MP; donc les parallélipipèdes AC' et MO', ayant des bases égales, sont entre eux comme leurs hauteurs, qui sont précisément représentées par les arêtes AA', MM', c'est-à-dire qu'on a

$$Paral.\ AC' : Paral.\ MO' :: AA' : MM';$$

ce qu'il fallait prouver.

CINQUIÈME PROPOSITION.

347. Deux parallélipipèdes rectangles sont toujours entre eux comme les produits des trois arêtes qui se réunissent à un même sommet.

Démonstration. — Soient, pour plus de simplicité, P le premier parallélipipède rectangle, et a, b, c, les trois arêtes qui se réunissent à un même sommet; soient aussi P′ et a', b', c', le second parallélipipède, et ses trois arêtes; prenons un troisième parallélipipède p dont les arêtes soient a', b, c, et un quatrième parallélipipède p' dont les arêtes soient a', b', c. Cela posé, les parallélipipèdes P et p, ayant deux arêtes communes b et c, sont entre eux comme les troisièmes arêtes a et a' (346.); on a donc

$$P : p' :: a : a';$$

de même p et p' ayant deux arêtes communes, savoir a' et c, on a

$$p : p' :: b : b';$$

enfin, p' et P′ ayant deux arêtes communes, savoir a' et b', on a

$$p' : P' :: c : c'.$$

Si nous multiplions terme à terme ces trois proportions, ce qui est permis (Arith. 227.), et si nous divisons les deux termes du premier rapport par les facteurs p et p' communs à ces deux termes, nous aurons

$$P : P' :: a \times b \times c : a' \times b' \times c';$$

ce qu'il fallait prouver.

SIXIÈME PROPOSITION.

348. Un parallélipipède rectangle a pour mesure le produit des trois arêtes qui se réunissent à un même angle solide, ou autrement le produit de sa base par sa hauteur.

En effet, soient le parallélipipède rectangle AX et le cube A′X′ (*fig.* 175), nous avons, d'après la proposition précédente

$$\textit{Paral. } AX : \textit{Cub. } A'X' :: AB \times AC \times AD : A'B' \times A'C' \times A'D'.$$

En nous rappelant ce qui a été dit dans le n° 129, nous verrons que cette proportion signifie que si l'on mesure avec une même unité les lignes AB, AC, AD, A′B′, A′C′, A′D′, le parallélipipède AX contiendra le cube A′X′ autant de fois que le produit des trois nombres représentant AB, AC et AD, contient le produit des trois nombres représentant A′B′, A′C′, A′D′. Mais puisque le volume A′X′ est un cube, un mètre cube, par exemple, si l'on prend pour unité le côté

A′B′, ou le mètre, alors les trois lignes A′B′, A′C′, A′D′, seront représentées par 1, et la proportion deviendra

$$Paral.\ AX : Cub.\ A'X' :: AB \times AC \times AD : 1,$$

c'est-à-dire que si l'on mesure les lignes AB, AC, AD avec un mètre, et qu'on multiplie entre eux les trois nombres qui représenteront ces lignes, le parallélipipède AX contiendra un mètre cube autant de fois qu'il y aura d'unités dans le produit que l'on obtiendra. Donc, enfin, *pour savoir combien il y a de mètres cubes, par exemple, dans le parallélipipède rectangle* AX, *il faut mesurer avec un mètre les trois arêtes qui se réunissent à un même sommet, faire le produit des nombres qui exprimeront les valeurs de ces arêtes, et le produit que l'on obtiendra indiquera combien le rectangle contient de mètres cubes;* et c'est ce que l'on exprime en disant qu'*un parallélipipède rectangle a pour mesure le produit des trois arêtes qui se réunissent à un même angle solide.*

De plus, comme le produit des deux arêtes AB, AC, représente précisément la base ABCM (235.), et que AD représente la hauteur du parallélipipède AX, on peut dire aussi qu'*un parallélipipède rectangle a pour mesure le produit de sa base par sa hauteur.*

349. *Corollaire.* — Le cube est un parallélipipède rectangle dans lequel toutes les arêtes sont égales; donc le produit des trois arêtes est la même chose que la troisième puissance de l'une d'elles; donc *un cube a pour mesure la troisième puissance d'une de ses arêtes.* On voit ici la raison pour laquelle on a donné le nom de cube d'un nombre à la troisième puissance de ce nombre.

350. *Corollaire second.* — Il suit encore de là que *les arêtes de deux cubes sont entre elles comme les racines cubiques des cubes eux-mêmes.* En effet, si l'on appelle C et C′ deux cubes dont les arêtes sont représentées par A et A′, on aura, d'après ce qui précède, $C = A^3$, $C' = A'^3$; d'où l'on tire

$$C : C' :: A^3 : A'^3;$$

et, par suite (Arith. 228.),

$$\sqrt[3]{C} : \sqrt[3]{C'} :: A : A'.$$

Si donc on demandait de faire un cube double d'un autre, en supposant l'arête du premier égale à 1 mètre, par exemple, son volume serait 1 mètre cube, et le volume du second serait 2 mètres cubes; les arêtes seraient donc entre elles comme $\sqrt[3]{1} : \sqrt[3]{2}$, ou comme $1 : \sqrt[3]{2}$. Ainsi, pour avoir l'arête du second, il faudrait trouver une ligne qui fût représentée par la racine cubique de 2 mètres. Nous avons déjà eu occasion de dire (296.) que le *problème de la duplication du cube* ne peut se résoudre que par des considérations qui sont hors du domaine de la Géométrie élémentaire.

SEPTIÈME PROPOSITION.

351. Un prisme quelconque a pour mesure le produit de sa base par sa hauteur.

(*Nota.* — Le sens de cette proposition est que pour trouver combien un prisme quelconque a de mètres cubes, par exemple, il faut chercher combien la base a de mètres carrés, et multiplier le nombre trouvé par le nombre de mètres que renferme la hauteur.)

Démonstration. — En effet, un prisme quelconque est équivalent à un parallélipipède rectangle qui aurait même hauteur et une base équivalente (344.); or ce parallélipipède aurait pour mesure le produit de sa base par sa hauteur; donc aussi le prisme a pour mesure le produit de sa base par sa hauteur.

Les propositions précédentes renferment ce que nous avions à dire sur les prismes; nous allons passer maintenant à la mesure des pyramides et des polyèdres quelconques.

352. On appelle *pyramide* un volume terminé par plusieurs faces planes et triangulaires ABS, BCS, CDS, DAS (*fig.* 176), qui partent toutes d'un même point S appelé *sommet* de la pyramide, et se terminent à un polygone quelconque ABCD que l'on appelle *base* de la pyramide. La ligne SP tirée du sommet perpendiculairement sur le plan de la base s'appelle *hauteur* de la pyramide.

353. On appelle *surface latérale* de la pyramide l'ensemble des faces triangulaires qui se réunissent au sommet. La pyramide est dite *triangulaire*, *quadrangulaire*, *pentagonale*, etc., suivant que la base est un triangle, un quadrilatère, un pentagone, etc.

354. Lorsque la base est un polygone régulier ABCDEF (*fig.* 177) et que la perpendiculaire tirée du sommet à la base tombe au centre de ce polygone, la pyramide est dite *régulière*. Il est bien facile de voir que, dans une pareille pyramide, toutes les faces latérales sont des triangles égaux, car 1° tous les côtés AB, BC, CD, etc., sont

égaux, puisque la base est un polygone régulier; et 2° tous les autres côtés AS, BS, CS, etc., sont égaux, comme obliques s'écartant également du pied de la perpendiculaire SP, puisque tous les points A, B, C, etc., sont à égales distances du centre P du polygone régulier qui forme la base.

355. Dans la pyramide régulière on appelle *apothème* toute ligne telle que ST tirée du sommet sur le milieu des côtés; il serait très-facile d'établir que *tous les apothèmes sont égaux, et qu'ils sont perpendiculaires sur les côtés qui forment la base.*

356. Ces définitions bien comprises, nous allons établir sur les pyramides et le moyen de mesurer leur volume les propositions suivantes.

PREMIÈRE PROPOSITION.

357. Si l'on coupe une pyramide SABCD (*fig.* 178) par un plan parallèle à la base : 1° la section A'B'C'D' sera un polygone semblable à la base ; 2° l'aire de la base sera à l'aire de la section comme les carrés de leurs distances SP, SP' au sommet de la pyramide, ces distances étant comptées sur les perpendiculaires abaissées de ce sommet sur les plans de la base et de la section.

Démonstration. — En effet, 1° les lignes A'B', B'C', C'D', D'A' seront respectivement parallèles à AB, BC, CD, DA, comme intersections de plans parallèles par un même plan (330.); donc les triangles ABS, A'B'S seront semblables (107.); il en sera de même des triangles BCS, B'C'S, et ainsi des autres; on aura donc les proportions suivantes :

$$AS : A'S :: AB : A'B' :: BS : B'S,$$
$$BS : B'S :: BC : B'C' :: CS : C'S,$$
$$CS : C'S :: CD : C'D' :: DS : D'S,$$
$$DS : D'S :: AD : A'D' :: AS : A'S.$$

Le dernier rapport de chaque suite étant le même que le rapport de la suite précédente, tous les rapports sont égaux, et l'on peut écrire

$$AB : A'B' :: BC : B'C' :: CD : C'D' :: AD : A'D'.$$

Donc les côtés de la section sont proportionnels aux côtés de la base; de plus, les angles de ces figures, à savoir A et A', B et B', C et C', D et D', sont respectivement égaux comme formés par des lignes parallèles et ayant leurs ouvertures tournées du même côté (335.); donc 1° ces deux figures sont semblables.

2° Nous disons de plus qu'elles sont comme les carrés des lignes SP et SP′. En effet, puisque la base est semblable à la section, nous avons déjà (271.)

$$(1)\quad ABCD : A'B'C'D' :: \overline{AB}^2 : \overline{A'B'}^2.$$

De plus, si l'on tire AP et A′P′, les deux triangles APS, A′P′S (dont on prouverait la similitude comme nous avons prouvé celles des triangles ABS, A′B′S) donnent

$$SP : SP' :: AS : A'S;$$

et l'on a d'ailleurs

$$AS : A'S :: AB : A'B'.$$

De cette proportion et de la précédente on tire

$$SP : SP' :: AB : A'B',$$

ou, en élevant au carré,

$$(2)\quad \overline{SP}^2 : \overline{SP'}^2 :: \overline{AB}^2 : \overline{A'B'}^2.$$

De cette proportion et de la proportion (1) on tire

$$ABCD : A'B'C'D' :: \overline{SP}^2 : \overline{SP'}^2;$$

ce qu'il fallait prouver.

358. *Corollaire.* — Il suit de là que *si l'on a deux pyramides* SABCD, XMNO (*fig.* 178-179) *de mêmes hauteurs*, SP = XY, *et de bases équivalentes, et qu'on les coupe par des plans également distants des deux sommets, les sections* A′B′C′D′ *et* M′N′O′ *seront équivalentes*. En effet, nous avons, d'après ce qui précède,

$$ABCD : A'B'C'D' :: \overline{SP}^2 : \overline{SP'}^2,$$
$$MNO : M'N'O' :: \overline{XY}^2 : \overline{XY'}^2;$$

mais, par hypothèse, les deux derniers rapports sont égaux, puisqu'on a SP = XY, et SP′ = XY′; donc on peut écrire

$$ABCD : A'B'C'D' :: MNO : M'N'O'.$$

Or, dans cette proportion, les deux antécédents sont des polygones équivalents; donc aussi les deux conséquents, qui sont les sections A′B′C′D′, M′N′O′, sont équivalents; ce qu'il fallait démontrer.

DEUXIÈME PROPOSITION.

359. **Deux pyramides SABCD, XMNO (*fig.* 178 et 179), qui ont des bases équivalentes et des hauteurs égales, sont équivalentes.**

Démonstration. — En effet, si l'on coupe ces deux pyramides par autant de plans que l'on voudra, équidistants deux à deux des sommets, les sections faites dans les deux pyramides par les plans équidistants des sommets seront équivalentes; donc on peut considérer les deux pyramides comme formées d'un même nombre de plans ou de prismes infiniment minces, et telles que chacune de celles qui composent la première pyramide a son équivalente dans la seconde pyramide et réciproquement; donc ces deux pyramides sont équivalentes. — Pour une démonstration plus rigoureuse, voir la *note cinquième*, nos 47*, 47* *bis*, 48*.

360. *Corollaire.* — On voit que si nous pouvions trouver la valeur d'une pyramide déterminée, d'une pyramide triangulaire, par exemple, nous aurions facilement aussi la valeur de toute autre pyramide, car une pyramide quelconque serait égale à une pyramide triangulaire qui aurait même hauteur et une base équivalente; or, la recherche de la valeur d'une pyramide triangulaire repose sur la proposition suivante.

TROISIÈME PROPOSITION.

361. **Un prisme triangulaire peut se décomposer en trois pyramides équivalentes, dont deux ont même base et même hauteur que le prisme.**

Soit X (*fig.* 180 n° 1) un prisme triangulaire, si, par le sommet F et la ligne CB, nous faisons passer un plan FCB, ce plan partagera le prisme en deux parties Y et Z (nos 2 et 3), dont la première est une pyramide qui a même base ABC que le prisme, et même hauteur, à savoir, la perpendiculaire abaissée du point F sur la base ABC. Pour la seconde partie Z, on peut la considérer comme une pyramide quadrangulaire dont la base est le parallélogramme BCDE, et dont le sommet est au point F. Si nous supposons maintenant un plan passant par le sommet F et par la diagonale CE, la pyramide quadrangulaire Z sera partagée en deux pyramides triangulaires T et V que l'on voit séparément (nos 4 et 5); or ces pyramides sont équivalentes, car en plaçant leur sommet au point F, et, par conséquent, en prenant pour base les triangles CDE, CBE, elles auront évidemment même hauteur (à savoir la perpendiculaire abaissée du point F sur le plan CDEB, n° 3), et des bases égales (à savoir les moitiés du parallélogramme BCDE) ; donc les deux pyramides T et V sont équivalentes. Or, la pyramide T est aussi équivalente à la pyramide Y, car, en prenant pour bases les triangles ACB et DEF égaux, puisqu'ils sont les deux bases du prisme X, les hauteurs (à savoir, pour la pyramide Y, la perpendiculaire abaissée du point F sur le plan ABC, et, pour T, la perpendiculaire abaissée du point C sur le plan DEF), les hauteurs, disons-nous, sont égales, puisque ces deux lignes expriment également la distance des deux bases ABC, DEF dans le prisme X ; donc, enfin, les trois pyramides Y, T, V sont équivalentes, donc un *prisme triangulaire peut se décomposer en trois pyramides équivalentes, dont deux ont même base et même hauteur que le prisme.*

362. *Corollaires.* — 1° *La pyramide triangulaire Y a pour mesure le tiers du produit de sa base par sa hauteur.* En effet, le prisme X dont elle est le tiers a même base et même hauteur qu'elle, et ce prisme a pour mesure le produit de sa base par sa hauteur (351.).

363. 2° *Il en serait de même de toute autre pyramide triangulaire*, car une pyramide triangulaire quelconque peut toujours être supposée provenir de la décomposition d'un prisme triangulaire de même base et de même hauteur. On voit bien, en effet, qu'en donnant une pyramide triangulaire quelconque FABC (*fig.* 180, n° 1), on pourra par le sommet F tirer deux lignes FD, FE respectivement égales et parallèles à AC et AB, et qu'en joignant leurs extrémités par la ligne DE, puis en tirant les lignes DC, EB, le volume ABCDEF sera un prisme triangulaire ayant même base et même hauteur que la pyramide donnée; car, 1° les deux bases CAB, DFE seront des triangles égaux, comme ayant un angle égal (savoir, CAB = DFE) compris entre deux côtés égaux chacun à chacun ; 2° les faces latérales seront des parallélogrammes, car dans la face ACDF, par exemple, les deux côtés AC et DF sont égaux et parallèles, ce qui suffit pour que cette face soit un parallélogramme (198.).

QUATRIÈME PROPOSITION.

364. Une pyramide quelconque a pour mesure le tiers du produit de sa base par sa hauteur.

Démonstration. — En effet, une pyramide quelconque est équivalente à une pyramide triangulaire qui aurait même hauteur et une base équivalente ; (359.) or cette pyramide triangulaire aurait pour mesure le tiers du produit de sa base par sa hauteur ; donc aussi une pyramide quelconque a pour mesure, etc.

Nota. — N'oublions pas que le sens de cette proposition est que pour savoir combien il y a de mètres cubes, par exemple, dans une pyramide, il faut chercher combien il y a de mètres carrés dans la base, et multiplier le nombre trouvé par celui qui exprime combien il y a de mètres dans la hauteur.

365. *Corollaire.* — Quand on a une pyramide SABCD (*fig.* 178), tronquée par un plan A'B'C'D' qui en coupe toutes les arêtes latérales, on trouve la valeur du tronc compris entre la base et la section, en retranchant de la pyramide totale SABCD la petite pyramide SA'B'C'D'. Si la section A'B'C'D' était parallèle à la base ABCD, dès-lors il existerait entre les valeurs de ces deux polygones et les hauteurs SP, SP', une relation énoncée dans le nº 357. qui fournirait un moyen de résoudre les problèmes suivants que nous ne faisons qu'indiquer. (*a*)

1º *Connaissant la valeur de la base, celle de la section et la hauteur* PP' *du tronc de pyramide, calculer la valeur de ce tronc;*

2º *Connaissant la valeur de la base, celle de la section et la hauteur* SP, *ou bien* SP', *calculer la valeur du tronc;*

3º *Connaissant la base, la hauteur* SP, *la hauteur* SP' *calculer la valeur du tronc;*

4º *Connaissant la valeur de la base, celle de la section et son volume, calculer la hauteur* PP' *du tronc.*

366. *Nota.* — Il serait très-facile de démontrer qu'en tirant convenablement des plans dans l'intérieur d'un polyèdre quelconque, on peut le décomposer en pyramides triangulaire (*b*) dont il suffirait de trouver les valeurs pour avoir, en en faisant la somme, celle du polyèdre; cependant, lorsqu'on veut mesurer le volume d'un corps terminé par des faces planes, on n'emploie point ce moyen qui exigerait qu'on le coupât en différentes parties, mais on a recours à d'autres moyens; par exemple, si on connaît sa pesanteur spécifique, c'est-à-dire le poids de ce corps qui correspond à un volume déterminé à un centimètre cube, par exemple, il suffit de le peser pour calculer son volume; ou bien, on le plonge dans un vase plein

(*a*) Dans le cas où la section est parallèle à la base, on pourrait établir que la valeur du tronc est égale à celui de trois pyramides ayant même hauteur que ce tronc, et dont les bases seraient la base inférieure du tronc, sa base supérieure, et une moyenne proportionnelle entre ces deux bases.

(*b*) La décomposition d'un polyèdre en pyramides triangulaires peut se faire (ainsi que celle d'un polygone en triangle, [288.]) de plusieurs manières. Une des plus simple consiste à faire passer les plans de division par le sommet d'un même angle solide et par les arêtes du polyèdre, ou par les diagonales tirées dans ses faces.

d'eau et, s'il s'enfonce entièrement, l'eau qu'il chasse du vase mesurée avec exactitude fait connaître le volume du corps plongé.

367. Jusqu'ici nous n'avons parlé que des volumes des polyèdres; si l'on voulait aussi mesurer leur surface, il est évident qu'il faudrait avoir recours aux procédés exposés dans le chapitre neuvième. Nous ajouterons cependant, à ce sujet, les trois propositions suivantes.

PREMIÈRE PROPOSITION.

368. La surface latérale d'un prisme droit quelconque ABCA'B'C' (*fig.* 171) a pour mesure le produit du contour de la base AB + BC + CA par la hauteur AA'.

En effet, la surface convexe est composée de rectangles dont les hauteurs sont toutes égales à AA', et dont les bases sont AB, BC, CA; or chacun de ces rectangles a pour mesure le produit de sa base par sa hauteur, donc leur somme aura pour mesure le produit de AB + BC + CA, par la hauteur AA'.

DEUXIÈME PROPOSITION.

369. La surface latérale d'une pyramide régulière SABCD (*fig.* 181) a pour mesure la moitié du produit du contour de la base ABCD par l'apothème ST.

Démonstration. — En effet la surface latérale de la pyramide est composée de triangles SAB, SAD, SDC, SBC, tous égaux (354.), dans lesquels on peut prendre pour bases les lignes AB, AD, DC, BC, et pour hauteur les apothèmes qui sont tous égaux à ST; or chacun de ces triangles a pour mesure la moitié du produit de sa base par sa hauteur, donc leur somme aura pour mesure la moitié du produit du contour de la base, à savoir AB+BC+CD+DA par l'apothème ST.

TROISIÈME PROPOSITION.

370. La surface latérale du tronc ABCDA'B'C'D' d'une pyramide régulière SABCD (*fig.* 181), tronquée par un plan A'B'C'D' parallèle à la base ABCD, a pour mesure la moitié des contours de la somme des deux bases ABCD, A'B'C'D' du tronc de la pyramide, multiplié par la différence TT' des apothèmes ST et ST'.

Démonstration. — En effet, cette surface est évidemment composée de trapèzes qui ont des hauteurs égales à TT', et dont les bases parallèles sont formées par les côtés des polygones qui forment les bases du tronc de la pyramide. Or, chacun de ces trapèzes a pour mesure la moitié de la somme de ses deux bases multipliée par sa hauteur (249.). Donc la surface convexe du tronc de la pyramide aura pour mesure la moitié de la somme des contours des deux polygones ABCD, A'B'C'D' par la hauteur TT'.

371. *Nota.* — Si l'on suppose un plan A''B''C''D'' parallèle aux deux bases du tronc de pyramide et à égales distances de ces deux bases, on prouvera, comme nous l'avons déjà fait plus haut (249.), que $A''B'' = \frac{AB + A'B'}{2}$, que $B''C'' = \frac{BC + B'C'}{2}$, etc.; donc on pourra dire aussi que le volume du tronc de pyramide dont il s'agit a pour mesure le contours A''B'' + B''C'' + C''D'' + D''A'' multiplié par TT'.

CHAPITRE XIV.

DES CORPS RONDS (a).

372. Après avoir appris à mesurer les surfaces et les volumes des polyèdres, nous devons passer aux volumes terminés par des surfaces courbes; mais on ne traite ordinairement dans la Géométrie élémentaire que des corps ronds, et encore parmi ceux-ci ne parle-t-on que du cylindre droit, du cône droit et de la sphère.

On appelle en général *corps rond* le volume engendré par la révolution d'une figure plane autour d'une ligne droite.

373. On appelle *cylindre droit* le volume produit par la révolution d'un rectangle ABCD (*fig.* 182), autour d'un de ses côtés AB, par exemple.

Dans ce mouvement, les côtés AD, BC, restant toujours perpendiculaires à AB, décrivent des plans circulaires égaux DHEP, CGFQ, qu'on appelle *bases* du cylindre, et le côté CD en décrit la *surface convexe*. Ce côté s'appelle la *génératrice de la surface cylindri-*

(a) La Géométrie ne s'occupe point des corps, mais seulement des volumes qu'ils occupent; la dénomination de volume rond serait plus exacte, mais nous nous conformons à l'usage.

que, ou simplement la *génératrice*. La ligne immobile AB s'appelle l'*axe* du cylindre; elle en représente la *hauteur*. C'est-à-dire la distance des deux bases (*a*).

Toute section KLMN, *faite dans un cylindre droit perpendiculairement à l'axe, est un cercle égal à chacune des bases;* car, pendant que le rectangle ABCD tourne autour de AB, la ligne IK, perpendiculaire à AB, décrit un plan circulaire égal à la base, et ce plan n'est autre chose que la section faite perpendiculairement à l'axe au point I.

374. Si l'on inscrit dans la base d'un cylindre droit un polygone ABCDEM (*fig.* 183), et que sur ce polygone on élève un prisme droit de même hauteur que le cylindre, ce prisme, dont toutes les arêtes sont dans la surface convexe du cylindre, est dit *inscrit* dans le cylindre. Il est clair que plus le polygone aura de côtés et plus le prisme approchera de se confondre avec le cylindre; de sorte qu'en multipliant suffisamment le nombre de ses faces il pourra approcher autant que l'on voudra du cylindre, et que le cylindre lui-même peut être considéré comme un prisme dont la base est un polygone régulier d'une infinité de côtés.

Ce qui précède étant bien compris, nous allons établir les deux propositions suivantes.

PREMIÈRE PROPOSITION.

375. La surface convexe d'un cylindre droit a pour mesure le produit de la circonférence de la base multipliée par la hauteur.

Démonstration. — En effet, le cylindre peut être considéré comme un prisme dont la base est un polygone régulier d'une infinité de côtés; or, un prisme a pour mesure le produit de sa base par sa hauteur; donc aussi le cylindre a pour mesure le produit de l'aire de sa base par sa hauteur. Pour une démonstration plus rigoureuse de cette proposition, voir la *note troisième*, nº 31*

(*a*) La surface convexe du cylindre droit est, comme on le voit, engendrée par le mouvement de la génératrice CD (*fig.* 182), se mouvant autour du cercle ABCD et demeurant constamment perpendiculaire au plan de ce cercle. Si l'on supposait la génératrice CD inclinée sur le plan du cercle ABCD, et demeurant, dans son mouvement autour de ce cercle, constamment parallèle à elle-même, le volume compris entre la surface qu'elle engendrera et les deux cercles qui terminent cette surface seraient un *cylindre oblique*. Quand nous aurons appris à trouver l'expression du volume d'un cylindre droit (376.), il sera très-facile d'en faire l'application à celui d'un cylindre oblique.

DEUXIÈME PROPOSITION.

376. Le volume d'un cylindre droit a pour mesure l'aire de la base multipliée par la hauteur.

Démonstration. — La démonstration est la même que pour la proposition précédente. (Voir aussi la *note troisième*, nº 32*.)

377. Passons à ce qui regarde le cône. On appelle *cône droit*, le volume produit par la révolution d'un triangle rectangle ABC (*fig.* 184) autour d'un des côtés de l'angle droit AB, par exemple.

Dans ce mouvement, le côté BC restant toujours perpendiculaire à AB, décrit un plan circulaire CNDM qu'on appelle *la base* du cône, et le côté AC en décrit la *surface convexe*. Ce côté s'appelle la *génératrice de la surface conique*, ou simplement la *génératrice;* la ligne immobile AB s'appelle l'*axe* du cône; elle en représente la *hauteur*, c'est-à-dire la distance du sommet à la base. (*a*)

378. *Toute section* YVT, *faite dans un cône droit perpendiculairement à l'axe, est un cercle;* car, pendant que le rectangle tourne autour de AB, la ligne XY perpendiculaire à AB décrit un plan circulaire, et ce plan n'est autre chose que la section faite perpendiculairement à l'axe, au point X. Il est bien facile de prouver que *la base* DMCN *et la section* TVY *sont comme les carrés de leurs distances au sommet* A. En effet, on a (275.)

$$\textit{Base}\ \mathrm{DMCN} : \textit{Sect.}\ \mathrm{TVY} :: \overline{\mathrm{BC}}^2 : \overline{\mathrm{XY}}^2;$$

mais les triangles semblables ABC, AXY donnent

$$\overline{\mathrm{AB}}^2 : \overline{\mathrm{AX}}^2 :: \overline{\mathrm{BC}}^2 : \overline{\mathrm{XY}}^2;$$

donc on a

$$\textit{Base}\ \mathrm{DMCN} : \textit{Sect.}\ \mathrm{TVX} :: \overline{\mathrm{AB}}^2 : \overline{\mathrm{AX}}^2.$$

379. Si on inscrit dans la base d'un cône droit un polygone régulier ABCDEF (*fig.* 185), et qu'on élève sur ce polygone une pyramide régulière dont le sommet soit en S, cette pyramide, dont toutes les

(*a*) La surface convexe du cône est, comme on le voit, engendrée par le mouvement de la génératrice AC (*fig.* 184) assujétie à demeurer constamment par une de ses extrémités au point A, et à glisser par l'autre extrémité autour du cercle CMDN qui forme la base du cône. Si la perpendiculaire abaissée du sommet A sur le plan du cercle CMDN passe par le centre B, le cône est *droit*, et toutes les lignes tirées du sommet A au contour de la base sont égales. Mais si la perpendiculaire abaissée du point A sur la base du cône ne passe pas par le centre B, le cône est *oblique*, et les lignes tirées du sommet au contour de la base sont en général inégales. Quand nous aurons appris à trouver l'expression du volume d'un cône droit (381.), il sera très-facile d'en faire l'application à celui d'un cône oblique.

arêtes latérales seront dans la surface convexe du cône, sera dite *inscrite* dans le cône. Plus le polygone qui sert de base à la pyramide aura de côtés, et plus la pyramide approchera de se confondre avec le cône, de sorte qu'en multipliant suffisamment le nombre des côtés, elle pourra en approcher autant qu'on le voudra, et que le cône droit peut être considéré comme une pyramide régulière dont la base a une infinité de côtés. Dans le cône, ainsi considéré comme une pyramide régulière, les apothèmes se confondent avec les génératrices du cône et sont égales à AS.

Ce qui précède étant bien compris, nous allons établir relativement aux cônes les propositions suivantes.

PREMIÈRE PROPOSITON.

380. La surface convexe d'un cône droit a pour mesure la moitié du produit de la circonférence de la base par la génératrice.

Démonstration. — En effet, on peut considérer le cône droit comme une pyramide régulière dont la base aurait une infinité de côtés, et dont les apothèmes se confondraient avec les génératrices du cône; or, la surface convexe d'une pyramide régulière a pour mesure la moitié du produit du contour de la base par l'apothème (369.), donc la surface convexe du cône a pour mesure la moitié du produit de la circonférence de la base par la génératrice. — Pour une démonstration plus rigoureuse de cette proposition, voir la *note troisième*, n° 33*

DEUXIÈME PROPOSITION.

381. Le volume d'un cône droit a pour mesure le tiers du produit de l'aire de la base multipliée par la hauteur.

Démonstration. — En effet, le cône droit peut être considéré comme une pyramide régulière dont la base aurait une infinité de côtés; or, une pyramide a pour mesure le tiers du produit de sa base par sa hauteur, donc aussi le cône a pour mesure le tiers du produit de l'aire de la base par la hauteur. — Pour une démonstration plus rigoureuse de cette proposition, voir la *note troisième*, n° 34*.

TROISIÈME PROPOSITION.

382. Pour avoir le volume d'un tronc de cône droit, tronqué par une section parallèle à la base, par exemple, celui du tronc du cône compris entre la base DNCM et la section TVY (*fig.* 184); il faut retrancher du cône total le petit cône compris entre la section et le sommet.

Démonstration. — Cette proposition est évidente d'elle-même;

ajoutons qu'on pourrait se proposer sur l'évaluation d'un tronc de cône des problèmes analogues à ceux que nous nous sommes proposés sur les troncs de pyramide (365.).

QUATRIÈME PROPOSITION.

383. La surface convexe d'un tronc de cône droit compris entre la base CNDM et une section TVY parallèle à cette base (*fig.* 184), a pour mesure le produit de la moitié des deux circonférences CNDM, TVY par la ligne YC; ou ce qui revient au même, le produit de la circonférence SRO d'une section parallèle à la base et équidistante de la base et de la section, multipliée par la ligne YC.

Démonstration. — En effet, nous avons vu (370.) que la surface latérale d'un tronc de pyramide régulière ABCDS (*fig.* 181), tronquée par un plan parallèle à la base A'B'C'D', a pour mesure la moitié de la somme des contours des deux bases de ce tronc multipliée par la ligne TT', différence des deux apothèmes ST, ST'. Or, puisqu'on peut considérer un cône droit comme une pyramide régulière dont la base a une infinité de côtés et dont l'apothème est la génératrice (379.), un tronc de cône DMCNTVY, tronqué par un plan parallèle à la base, peut être considéré comme un tronc de pyramide régulière; donc sa surface aura pour expression la moitié de la somme des contours des deux bases, ou la moitié des deux circonférences CNDM, TVY, par la ligne YC différence des deux génératrices AC et AY.

De même, la surface convexe d'un tronc de pyramide régulière, SABCD (*fig.* 181), tronquée par un plan parallèle à la base, a pour mesure le produit du contour A''B''C''D'' de la section faite par un plan coupant le tronc de la pyramide à égales distances des deux bases de ce tronc, et parallèlement à ces bases, par la ligne TT' différence des apothèmes ST, ST' (370.). Donc aussi la surface convexe du tronc de cône DMCNTVY (*fig.* 184) a pour mesure le produit de la circonférence ROS de la section faite dans le tronc du cône par un plan mené à égales distances des deux bases de ce tronc, multiplié par la ligne YC différence des deux génératrices AC, AY.

384. *Nota* 1°. — En appelant R le rayon BC de la base DMCN (*fig.* 184), R' le rayon XY de la section TVY, et R'' le rayon de la section SRO, on aura (282.)

Demi-circonférence DMCN $= \pi R$,
Demi-circonférence TVY $= \pi R'$,
Circonférence SRO $= 2\pi R''$,

et les deux expressions trouvées plus haut pour la valeur du tronc de cône DMCNTVZ deviendront

$$(\pi R + \pi R') \times YC \ldots\ldots\ldots (A),$$
$$2\pi R'' \times YC \ldots\ldots\ldots\ldots\ldots\ldots (B).$$

385. *Nota* 2°. — On peut aussi démontrer plus rigoureusement la proposition dont il s'agit ici, en la déduisant, comme il suit, de la proposition du n° 382; mais nous conseillons à ceux qui n'ont pas l'habitude du calcul de passer cette démonstration.

Appelons comme précédemment R, R', R'', les rayons BC, XY, ZR : le cône total ADMCN aura pour expression de sa surface convexe, *demi-circonférence* DNCM $\times$ AC, ou bien $\pi R \times AC$, et le petit cône ATVY aura pour expression de sa surface convexe, *demi-circonférence* TVY $\times$ AY ou bien, $\pi R' \times AY$; donc la surface convexe du tronc de cône DMCNTVY, étant égale à la surface du grand cône, moins la surface du petit, aura pour mesure,

$$\pi R \times AC - \pi R' \times AY \ldots\ldots\ldots (C);$$

ou bien encore, $\pi(R \times AC - R' \times AY)$.

Mais $AC = YC + AY$, et $AY = AC - YC$.

En substituant dans l'expression précédente (C) ces valeurs de AC et de AY, et en effectuant la multiplication par R et R', on obtient pour expression de la surface convexe du tronc de cône,

$$\pi(R \times YC + R \times AY - R' \times AC + R' \times YC) \ldots\ldots\ldots (D);$$

mais les triangles AXY, ABC, évidemment semblables, donnent

$$AY : AC :: XY : BC,$$

ou bien $AY : AC :: R' : R$;

d'où l'on déduit, $R \times AY = R' \times AC$.

Si l'on substitue cette valeur de $R \times AY$ dans l'expression précédente (D), elle deviendra, par la suppression de deux termes qui se détruisent,

$$\pi(R \times YC + R' \times YC),$$

ou bien $\pi R \times YC + \pi R' \times YC$,

ou bien encore $(\pi R + \pi R') \times YC \ldots\ldots\ldots\ldots (E)$.

C'est précisément l'expression (A) que nous avons trouvée dans la remarque qui suit la démonstration précédente, et elle prouve que la surface convexe du tronc de cône a pour expression la moitié de la circonférence de la base inférieure, plus la moitié de la circonférence de la base supérieure multipliées par la ligne YC.

De plus, dans le trapèze XYBC coupé par le rayon ZR de la section SRO qui est à égales distances des deux bases, on a $ZR = \frac{BC}{2} + \frac{XY}{2}$, comme nous l'avons prouvé dans le n° 249, ou bien, $R'' = \frac{R + R'}{2}$, ou bien encore,

$$2R'' = R + R'.$$

En multipliant les deux membres de cette équation par π, on aura,

$$2\pi R'' = \pi R + \pi R';$$

donc, en substituant dans l'expression (E) $2\pi R''$ à la place de $\pi R + \pi R'$, on aura pour valeur de la surface convexe du tronc de cône,

$$2\pi R'' \times YC,$$

comme nous l'avons trouvé plus haut (B). Ce qui prouve de nouveau que cette surface convexe a pour expression le produit de la circonférence SRO dont le rayon est R'' multiplié par la ligne YC.

386. Nous allons terminer ce chapitre par ce qui est relatif à la sphère.

On appelle *sphère* un volume terminé par une surface courbe dont tous les points sont également distants d'un point intérieur qu'on appelle *centre*. La sphère peut être conçue comme produite par la révolution d'un demi-cercle DBE (*fig.* 186), autour du diamètre DE; car la surface décrite dans ce mouvement par la courbe aura tous ses points à égales distances du centre C.

Le *rayon* de la sphère est une ligne droite qui part du centre et se termine à la surface; le *diamètre* est une ligne droite qui passe par le centre et se termine aux points opposés de cette même surface. Il est clair que tous les rayons sont égaux et que tous les diamètres sont aussi égaux.

387. *Toute section de la sphère par un plan* HPP'I (*fig.* 186) *est un cercle*. En effet, si l'on tire sur le plan de cette section, la perpendiculaire CQ et les obliques CH, CP, CP', CI, etc., toutes ces obliques seront égales comme rayons de la sphère, donc les points H, P, P', I, et tous les autres situés sur le contour de la section seront à égales distances du pied Q de la perpendiculaire CQ (319.), donc, cette section est un cercle.

On appelle *grands cercles* de la sphère ceux qui passent par le centre. Ils sont tous égaux puisqu'ils ont pour rayons les rayons de la sphère elle-même. On appelle *petits cercles*, ceux dont le plan ne passe pas par le centre. Il serait bien facile de prouver que les petits cercles sont d'autant plus petits, qu'ils sont plus éloignés du centre.

388. On appelle *plan tangent* à la sphère un plan qui ne touche la sphère qu'en un point.

389. On appelle *zône* la partie de la surface de la sphère comprise entre deux plans parallèles qui en sont les *bases;* telle est, par exemple, la surface comprise entre les deux circonférences HPP'I et FNN'G (*fig.* 186). Si l'un de ces plans était tangent à la sphère, la zône n'aurait qu'une base et prendrait le nom de *calotte.* Ainsi, par exemple, la partie de la surface détachée de la sphère par le plan FNN'G, ou comprise entre ce plan et le plan tangent au point D, est une calotte.

390. On appelle *segment sphérique* le volume compris entre deux plans parallèles qui en sont les *bases;* lorsqu'un des plans est tangent à la sphère, le segment n'a qu'une base; tel est, par exemple, le segment compris entre le plan FNN'G et le plan tangent au point D.

391. La *hauteur d'une zône, ou d'un segment,* est la distance des deux plans parallèles qui en sont les bases; et si la zône ou le segment n'ont qu'une base, c'est-à-dire si la surface qui termine le segment devient une calotte, comme dans la partie DFNGN' (*fig.* 186), la hauteur est la perpendiculaire DO élevée sur le milieu de la base et terminée à la surface au point D.

392. Tandis que le demi-cercle DAE, tournant autour du diamètre DE, engendre la sphère, tout secteur circulaire, comme DCF ou FCH, engendre un solide qu'on appelle *secteur sphérique.* La surface décrite par l'arc du secteur circulaire est la base du secteur sphérique.

393. Si l'on suppose un polyèdre dont tous les plans soient tangents à la sphère, ce polyèdre sera dit *circonscrit* à la sphère. On peut évidemment le concevoir comme formé par des pyramides qui auraient toutes leurs sommets au centre de la sphère, et dont les bases seraient les plans eux-mêmes qui terminent le polyèdre. Toutes ces pyramides auraient même hauteur, à savoir le rayon de la sphère, car les rayons tirés au point de tangence seraient évidemment les plus courtes lignes que l'on pourrait tirer du centre sur les faces du polyèdre, et seraient, par conséquent, perpendiculaires à ces faces. On conçoit que plus on multiplierait les faces du polyèdre, plus il se rapprocherait de la sphère, et même qu'en les multipliant suffisamment, le polyèdre pourrait différer aussi peu qu'on le voudrait de la sphère elle-même; de sorte que la sphère peut être considérée comme formée d'une infinité de pyramides

dont la hauteur commune serait le rayon et dont les bases réunies formeraient la surface de la sphère.

Ce qui précède étant bien compris, nous allons établir les propositions suivantes.

PREMIÈRE PROPOSITION.

394. Si dans un demi-cercle on inscrit un demi-polygone régulier OBADF (*fig.* 187), et qu'on le fasse tourner autour du diamètre OF, chaque côté OB, BA, AD, DF décrira une surface qui aura pour mesure la circonférence du cercle inscrit dans le polygone, et dont le rayon est MQ, multipliée par les lignes OC, CQ, QE, EF, comprises entre les perpendiculaires abaissées des deux extrémités du côté que l'on considère sur le diamètre OF.

Démonstration. — Démontrons, par exemple, que le côté BA décrit une surface qui a pour expression *Circ.* MQ (c'est-à-dire circonférence dont le rayon est MQ) multipliée par CQ. En effet, la ligne BA décrira un tronc de cône droit, dont le sommet serait en S, où se rencontreraient les lignes QC et AB suffisamment prolongées; donc, si par le milieu M de BA on tire MN perpendiculaire sur CQ, la surface convexe du tronc de cône décrit par BA aura pour mesure la circonférence dont le rayon est MN, multipliée par BA (383.), c'est-à-dire (en désignant par *Circ.* MN la circonférence dont le rayon est MN),

$$\textit{Circ. } MN \times BA.$$

Mais, si l'on tire BR perpendiculaire sur AQ, les deux triangles BAR, MNQ seront semblables, comme ayant leurs côtés respectivement perpendiculaires (109.), savoir : MQ sur BA, MN sur BR et NQ sur AR. Dans ces deux triangles, les deux côtés BA et BR seront homologues de MQ, MN; on aura donc la proportion

$$MN : MQ :: BR : BA.$$

Mais deux circonférences sont toujours entre elles comme leurs rayons; on a donc

$$\textit{Circ. } MN : \textit{Circ. } MQ :: MN : MQ.$$

De cette proportion et de la précédente on tire

$$\textit{Circ. } MN : \textit{Circ. } MQ :: BR : BA,$$

ou bien, comme $BR = CQ$,

$$\textit{Circ. } MN : \textit{Circ. } MQ :: CQ : BA;$$

d'où

$$\textit{Circ. } MN \times BA = \textit{Circ. } MQ \times CQ.$$

Le premier membre de cette équation exprime, comme nous venons de le voir, la surface convexe du tronc de cône décrit par BA ; donc aussi la surface convexe de ce tronc de cône a pour mesure *Circ.* MQ $\times$ CQ, c'est-à-dire la circonférence décrite avec le rayon du cercle inscrit au polygone, multipliée par la ligne CQ comprise entre les perpendiculaires abaissées des points A et B sur OF.

Quel que fût le nombre des côtés du polygone, on prouverait la même chose pour les surfaces décrites par les côtés compris entre le premier et le dernier côté. Pour ces deux-ci, comme une de leurs extrémités se confond avec une extrémité du diamètre OF, ils décrivent non pas des troncs de cônes, mais des cônes entiers; mais il suffirait d'une légère modification dans la démonstration précédente pour prouver que la surface convexe du cône décrit par OB, par exemple, a pour mesure la circonférence du cercle inscrit au polygone multipliée par OC.

395. *Corollaires.* — Il suit de là : 1° Que la surface de tout le solide décrit par le mouvement du polygone a pour mesure la circonférence décrite avec le rayon MQ du cercle inscrit multipliée par le diamètre OF.

2° Que la surface convexe du solide décrit par un nombre quelconque de côtés MN + NS + ST + TU, par exemple (*fig.* 188), d'un polygone régulier, a pour mesure la circonférence décrite avec le rayon QX du cercle inscrit au polygone multipliée par la ligne ZY, comprise entre les perpendiculaires abaissées des extrémités de cette série de côtés sur le diamètre AB.

396. *Nota.* — A mesure qu'on multiplie les côtés du demi polygone inscrit, son contour approche de la circonférence et peut en approcher indéfiniment. Si l'on suppose le nombre de côtés infini, le polygone se confondra avec le demi cercle, et la surface sphérique engendrée par la révolution du demi cercle avec la surface du solide décrit par le demi-polygone; de plus, le rayon du cercle inscrit au polygone sera le rayon du demi-cercle dont le diamètre est AB.

DEUXIÈME PROPOSITION.

397. En appelant R le rayon d'une sphère, l'expression de sa surface sera $4\pi R^2$ (π étant le rapport de la circonférence au diamètre).

Démonstration. — En effet, le demi-cercle ATB (*fig.* 188) peut être considéré comme un demi-polygone régulier d'une infinité de côtés, dans lequel le rayon du cercle inscrit se confond avec le rayon AQ du demi-cercle ATB (225.); donc, d'après le n° 395, si l'on désigne par R le rayon de ce demi-cercle, la surface engendrée par la révolution de la demi-circonférence, c'est-à-dire la surface de la sphère, aura pour mesure la circonférence dont le rayon est R, c'est-à-dire $2\pi R$, multipliée par AB, mais $AB = 2R$; donc la surface de la sphère aura pour mesure $2\pi R \times 2R$, ou bien $4\pi R^2$, c'est-à-dire qu'elle sera égale à quatre grands cercles de la sphère, puisque l'aire d'un grand cercle a pour expression πR^2 (282.). — Pour une démonstration plus rigoureuse, voir la *note troisième*, n° 35*.

TROISIÈME PROPOSITION.

398. En appelant R le rayon d'une sphère, et H la hauteur d'une zône sphérique soit à deux bases, soit à une base seulement, c'est-à-dire d'une calotte, l'expression de sa surface sera $2\pi R \times H$.

Démonstration. — Cette proposition se prouverait absolument comme la proposition précédente. En effet, si l'on considère la zône décrite par l'arc MU (*fig.* 188), par exemple, dont la hauteur est ZY, cette zone peut être considérée comme décrite par une ligne MU, faisant partie d'un polygone régulier d'une infinité de côtés, dans lequel le rayon du cercle inscrit est R (225.); donc, d'après le n° 395, la valeur de cette zône sera exprimée par $2\pi R \times ZY$, ou par $2\pi R \times H$, en appelant H la hauteur ZY. Il en serait absolument de même de la calotte décrite par l'arc AM, par exemple. — Pour une démonstration plus rigoureuse de cette proposition, voir la *note troisième*, n° 36*.

QUATRIÈME PROPOSITION.

399. En désignant par R le rayon d'une sphère, son volume a pour expression $\frac{4}{3}\pi R^3$.

En effet, nous avons vu que la sphère peut être considérée comme la réunion d'une infinité de pyramides qui auraient toutes pour hauteur le rayon R, et dont toutes les bases réunies formeraient la surface de la sphère (393.); or, de pareilles pyramides auraient pour mesure le produit de leur base par le tiers de leur hauteur; donc le volume dela sphère aura pour expression $4\pi R^2 \times \frac{R}{3}$, c'est-à-dire $\frac{4}{3}\pi R^3$. Pour une démonstration plus rigoureuse de cette proposition, voir la *note troisième*, n° 37* à 43*.

CINQUIÈME PROPOSITION.

400. **En appelant R le rayon d'une sphère, et H la hauteur de la zône qui sert de base à un secteur sphérique, tel que celui engendré par le secteur circulaire DCG ou GCI (*fig.* 186), le secteur sphérique aura pour expression $\frac{2}{3}\pi R^2 \times H$.**

Démonstration. — La démonstration est la même que pour la proposition précédente. En effet, le secteur sphérique peut être considéré comme une réunion de pyramides qui ont pour hauteur le rayon R, et dont les bases réunies forment la surface de la zône sphérique qui sert de base au secteur; donc il aura pour mesure la base dont l'expression est $2\pi R \times H$ multipliée par $\frac{R}{3}$, ce qui fait $\frac{2}{3}\pi R^2 \times H$. Pour une démonstration plus rigoureuse, voir la *note troisième*, n° 43 *bis**.

SIXIÈME PROPOSITION.

401. **Pour avoir le volume d'un segment recouvert par une calotte dont la base est le cercle FN'GN (*fig.* 186), il faut calculer l'aire du secteur qui a pour base cette calotte, et en retrancher le cône dont le sommet est en C, et dont la base est le cercle FN'GN.**

Cette proposition est évidente d'elle-même.

402. *Nota.* — Faisons voir ici comment peut se faire ce calcul. Appelons r le rayon de la sphère, h la hauteur DO de la calotte qui sert de base au secteur. Le secteur aura, d'après ce qui précède, pour expression $\frac{2}{3}\pi r^2 \times h$. Quant au cône, sa hauteur est CO, ou bien $r - h$; le rayon de sa base est OG; or, comme le triangle GOC est rectangle, que $CG = r$ et que $CO = r - h$, le côté OG aura pour expression

$$OG = \sqrt{r^2 - (r-h)^2},$$

ou bien
$$OG = \sqrt{r^2 - r^2 + 2rh - h^2},$$

ou bien enfin
$$OG = \sqrt{2rh - h^2};$$

donc le cercle, dont OG est le rayon, aura pour expression (282.)

$$\pi(2rh - h^2).$$

En le multipliant par le tiers de la hauteur du cône, laquelle hauteur est CO ou $r - h$, on aura pour volume du cône

$$\frac{1}{3}\pi(2rh - h^2)(r - h),$$

ou bien

$$\frac{1}{3}\pi(2r^2h - 3rh^2 + h^3);$$

en retranchant cette expression de celle du secteur trouvée plus haut, on aura pour expression du segment recouvert par la calotte,

$$\frac{2}{3}\pi r^2h - \frac{1}{3}\pi(2r^2h - 3rh^2 + h^3).$$

SEPTIÈME PROPOSITION.

403. Pour trouver la valeur d'un segment compris entre deux plans parallèles FNGN' et HPIP' (*fig.* 186), il faut calculer la valeur du segment recouvert par la calotte dont la base est HPIP', puis celle du segment recouvert par la calotte dont la base est FNGN', et retrancher la seconde de la première.

Cette proposition est évidente.

404. *Nota.* — On pourrait, pour exercice, chercher, par un calcul analogue à celui que nous avons fait dans la note précédente, l'expression du segment, connaissant sa hauteur QO et la distance QC de sa plus grande base au centre de la sphère et le rayon CD.

405. *Corollaire des propositions relatives à la mesure du cylindre, du cône et de la sphère.* Il suit de ces propositions que si l'on circonscrit un cylindre à une sphère (*fig.* 191), ou si l'on fait un cylindre qui ait une base égale à un grand cercle de cette sphère, et pour hauteur le diamètre ou deux fois le rayon, et si, de plus, on construit un cône qui ait aussi pour base un grand cercle de la sphère et pour hauteur son diamètre, le volume du cône vaudra la moitié du volume de la sphère et le tiers de celui du cylindre, d'où il suit, que la sphère vaudra les deux tiers du cylindre. En effet, en appelant R le rayon de la sphère et par suite le rayon de la base du cylindre et du cône dont il s'agit, on aura, en calculant les volumes de ces trois corps d'après les n°s 381, 399, 376,

Pour le cône........... $\frac{2}{3}\pi R^3$;

Pour la sphère......... $\frac{4}{3}\pi R^3$;

Pour le cylindre....... $\frac{6}{3}\pi R^3$, ou $2\pi R^3$.

CHAPITRE XV.

DES VOLUMES OU POLYÈDRES SEMBLABLES.

406. On dit que deux volumes ou polyèdres sont *semblables* lorsqu'ils sont composés d'un même nombre de faces semblables chacune à chacune, semblablement disposées et également inclinées les unes sur les autres, c'est-à-dire de manière à former des angles dièdres et polyèdres égaux (322.).

407. Dans deux polyèdres semblables, les faces semblables et semblablement disposées sont dites *homologues*. Les points homologues pris sur ces faces (259.) sont des *points homologues* des deux polyèdres, et on appelle plus généralement *points homologues*, par rapport à deux polyèdres semblables, les points semblablement placés, c'est-à-dire placés de telle manière que leurs distances à trois sommets correspondants dans les deux polyèdres sont proportionnelles aux lignes qui réunissent ces trois sommets, et que de plus ils soient situés du même côté relativement au plan qui renferme ces sommets. Enfin les côtés homologues des faces semblables homologues sont des *lignes homologues* dans les polyèdres; et en général on appelle *lignes homologues* dans deux polyèdres semblables les lignes comprises entre deux points homologues.

408. On pourrait établir sur les polyèdres semblables une série de proportions analogues à celles que nous avons établies relativement aux polygones semblables; nous nous en abstiendrons cependant, vu le besoin de ne pas trop nous étendre. Nous nous bornerons aux trois propositions suivantes. (Voir de plus la *note septième*.)

PREMIÈRE PROPOSITION.

409. Dans deux polyèdres semblables, toutes les arêtes de l'un sont proportionnelles aux arêtes homologues de l'autre.

Démonstration. — Cette proposition est une suite de la similitude des faces qui forment les deux polyèdres semblables et de leur disposition dans ces polyèdres. En effet, la proportion qu'elle exprime existe d'abord entre les arêtes qui forment les contours de deux faces semblables homologues (255.); mais si l'on écrit toutes les suites des rapports qui résultent de là, chaque suite aura un rapport commun avec une des autres suites, puisque chaque arête, dans les polyèdres, est commune à deux faces; donc tous les rapports seront égaux, et, par conséquent, toutes les arêtes de l'un des polyèdres seront respectivement proportionnelles à toutes les arêtes de l'autre.

410. *Nota.* — Il serait facile d'étendre la proportionnalité établie dans la proposition précédente à toutes les lignes homologues, et de prouver, par exemple, que dans deux pyramides semblables, SABCD, SA'B'C'D' (*fig.* 178), les arêtes AS, A'S sont comme les hauteurs SP, SP', car cette proportionnalité résulte de la similitude des triangles SAP, SA'P'.

DEUXIÈME PROPOSITION.

411. Les surfaces des polyèdres semblables sont comme les carrés de leurs lignes homologues.

Démonstration. — La démonstration de cette proposition est en tout semblable à celle que nous avons donnée pour prouver que les figures semblables sont entre elles comme les carrés de leurs lignes homologues. On peut revoir cette démonstration, n° 271.

TROISIÈME PROPOSITION.

412. Les volumes des deux polyèdres semblables sont entre eux comme les cubes de leurs lignes homologues.

Démonstration. — La démonstration de cette proposition ressemble beaucoup à celle de la proposition précédente. En effet, si l'on se rappelle ce que nous avons dit (366.) qu'on pourrait faire pour trouver le volume d'un polyèdre quelconque, on verra que cette opération revient à mesurer des lignes et à faire un produit de trois lignes ou plusieurs produits de trois lignes, et à ajouter ces produits. Cela posé, si, après avoir mesuré le volume d'un polyèdre on doit mesurer celui d'un autre polyèdre semblable au premier, on aura à mesurer des lignes homologues à celles que l'on a mesurées dans le premier polyèdre, lesquelles lignes homologues seront toutes un certain nombre de fois plus grandes ou plus petites que les lignes correspondantes dans le premier polyèdre (par exemple 2, 3, 4, etc., et en général *n* fois plus grandes ou plus petites), et à faire avec les nombres qui représentent les valeurs de ces lignes les mêmes opérations qu'on a faites pour le premier polyèdre. Mais on sait que lorsque trois facteurs d'un ou plusieurs produits deviennent 2 fois,

3 fois, 4 fois, etc., et en général n fois plus grands ou plus petits, ces produits deviennent 8 fois, 27 fois, 256 fois, etc., et en général n^3 fois plus grands ou plus petits; donc ces produits, et, par conséquent, les polyèdres qu'ils représentent, sont entre eux comme les cubes des lignes homologues.

413. Passons à la similitude des corps ronds. Nous avons vu que les corps ronds sont ceux qui sont produits par la révolution d'une surface plane autour d'une ligne (372.). Deux corps ronds sont dits *semblables* lorsqu'ils sont produits par la révolution de deux surfaces semblables autour de lignes semblablement placées par rapport à ces surfaces.

414. *Corollaires.* — Il suit de ces définitions que

1° *Deux cylindres droits* X *et* X′ (*fig.* 189) *sont semblables si les hauteurs* AC, A′C′ *sont proportionnelles aux rayons* CD, C′D′ *des bases.*

2° *De même les deux cônes droits* Y *et* Y′ (*fig.* 190) *sont semblables si les lignes* AB, A′B′ *sont proportionnelles à* BC, B′C′.

3° *Toutes les sphères sont semblables*, car elles sont toutes produites par la révolution d'un demi-cercle autour de son diamètre; or, tous les demi-cercles sont semblables.

Relativement à la similitude des corps ronds il suffira d'établir les propositions suivantes.

PREMIÈRE PROPOSITION.

415. **Dans les cylindres et dans les cônes semblables, les hauteurs, les génératrices, les rayons et les circonférences des bases sont des lignes proportionnelles.**

Démonstration. — En effet, pour les deux cylindres X et X′ (*fig.* 189), par exemple, la similitude des deux rectangles générateurs ABCD, A′B′C′D′ donne, en désignant par *Circ.* CD et *Circ.* C′D′ les circonférences dont les rayons sont CD et C′D′, c'est-à-dire les circonférences des bases,

$$AC : A'C' :: BD : B'D' :: BC : B'C' :: Circ.\,BC : Circ.\,B'C';$$

et pour les cônes Y et Y′ (*fig.* 190), la similitude des deux triangles générateurs ABC, A′B′C′ donne.

$$AB : A'B' :: AC : A'C' :: BC : B'C' :: Circ.\,BC : Circ.\,B'C'.$$

SECONDE PROPOSITION.

416. Dans deux cylindres ou cônes semblables, les aires des bases sont comme les carrés des lignes homologues (hauteurs, génératrices, etc.).

Démonstration. — En effet, les bases étant des cercles sont entre elles comme les carrés de leurs rayons (275.), et, par conséquent aussi, comme les carrés des autres lignes homologues qui sont proportionnelles aux rayons des bases.

TROISIÈME PROPOSITION.

417. Dans les cylindres et les cônes semblables les aires des surfaces convexes sont proportionnelles aux carrés des rayons des bases et, par conséquent, aux carrés des autres lignes homologues (hauteurs, génératrices, etc.).

Démonstration. — Cette proposition pourrait se prouver par le raisonnement du nº 412; on pourrait encore la prouver comme il suit, pour les cônes Y et Y′, par exemple (*fig.* 190) : en appelant R et R′ les rayons des bases, et G et G′ les génératrices on a (380.)

$$\textit{Surf. conv. } Y = \pi \times RG,$$
$$\textit{Surf. conv. } Y' = \pi \times R'G',$$

d'où, $\textit{Surf. conv. } Y : \textit{Surf. vonv. } Y' :: \pi \times RG : \pi \times R'G',$

d'où, en supprimant le facteur π commun aux deux termes du second rapport, et en divisant les deux termes de ce rapport par G,

$$\textit{Surf. conv. } Y : \textit{Surf. conv. } Y' :: R : R' \frac{G'}{G};$$

mais on a (415.) $\frac{G'}{G} = \frac{R'}{R}$, donc on aura,

$$\textit{Surf. conv. } Y : \textit{Surf. conv. } Y' :: R : R' \frac{R'}{R},$$

ou bien enfin, en multipliant les deux termes du second rapport par R, on aura, comme il fallait le prouver

$$\textit{Surf. conv. } Y : \textit{Surf. conv. } Y' :: R^2 : R'^2,$$

QUATRIÈME PROPOSITION.

418. Les volumes des cylindres et des cônes semblables sont entre eux comme les cubes des rayons des bases et aussi des autres lignes homologues (hauteurs, génératrices, etc.).

Démonstration. — On peut démontrer cette proposition soit par le raisonnement du nº 412, soit par un raisonnement analogue à celui qui précède immédiatement.

CINQUIÈME PROPOSITION.

419. Les surfaces des sphères sont comme les carrés des rayons.

Démonstration. — Outre la démonstration du n° 412., on peut donner la suivante : soit deux surfaces de sphère, *Surf. Sph.* et *Surf. Sph'.*, soit R et R' les rayons, on a (397.)

$$Surf.\ sph. = 4\pi R^2,$$
$$Surf.\ sph'. = 4\pi R'^2,$$

d'où, $Surf.\ sph. : Surf.\ sph'. :: 4\pi R^2 : 4\pi R'^2,$

ou bien, $Surf.\ sph. : Surf.\ sph'. :: R^2 : R'^2;$

ce qu'il fallait démontrer.

SIXIÈME PROPOSITION.

420. Les volumes des sphères sont comme les cubes des rayons.

Démonstration. — Outre la démonstration du n° 412., on peut donner la suivante, soit *Vol. sph.* et *Vol. sph'.*, les volumes de deux sphères dont les rayons sont R et R', nous aurons (399.),

$$Vol.\ sph. = \frac{4}{3}\pi R^3,$$

$$Vol.\ sph'. = \frac{4}{3}\pi R'^3,$$

d'où l'on tire $Vol.\ sph. : Vol.\ sph'. :: R^3 : R'^3;$

ce qu'il fallait démontrer.

---

421. Addition au chapitre XIV. — On appelle *fuseau*, la partie de la surface d'une sphère comprise entre deux grands demi-cercles qui se terminent à un même diamètre; telle est, par exemple, la partie de la surface de la sphère représentée dans la figure 191 *bis*, comprise entre les deux demi-cercles ADB, AEB. On appelle *coin*, ou *onglet sphérique*, la partie du volume de la sphère comprise entre ces mêmes grands demi-cercles et à laquelle le fuseau sert de base. Il est très-facile d'établir que le *fuseau* et le *coin sphérique* sont à la surface entière, ou au volume entier de la sphère, comme l'angle dièdre formé par les plans des demi-cercles qui les terminent est à quatre angles droits, et, par suite, d'en conclure le moyen de trouver la valeur d'un *fuseau* et celle d'un *coin sphérique*, lorsqu'on connaît le rayon de la sphère, et le nombre de degrés de l'angle dièdre formé par les plans des demi-cercles qui les terminent. Nous laissons au lecteur le soin de développer ce que nous ne faisons qu'indiquer ici.

NOTES.

Nous engageons à ne pas étudier ces Notes avant d'avoir vu le Traité de Géométrie tout entier. Elles ont principalement pour but de donner quelques propositions dont la plupart n'ont pas été démontrées avec toute la rigueur que les géomètres aiment à apporter dans leurs démonstrations. Elles renferment aussi quelques propositions ou problèmes que nous avons à dessein supprimés dans le corps de l'ouvrage.

NOTE PREMIÈRE.

Nouvelles démonstrations des propositions renfermées dans les nos 89, 98, 232, 243.

1° Nous avons démontré avec toute la rigueur désirable les propositions renfermées dans ces quatre numéros, mais nous avons annoncé de nouvelles démonstrations de ces propositions dans le cas où les proportions qu'elles expriment doivent s'établir entre des quantités incommensurables. Nous avons réuni ces quatre démonstrations dans une même note à cause de l'analogie qu'elles présentent. Il suffira, en effet, d'en donner une seule pour qu'on puisse l'étendre aux trois autres avec la plus grande facilité.

2° Ces démonstrations, ainsi que toutes celles que renferment les notes troisième, quatrième et cinquième, reposent sur un principe que l'on énonce comme il suit :

QUAND DEUX QUANTITÉS A ET B FIXES ET INVARIABLES SONT TELLES QUE LEUR DIFFÉRENCE PEUT ÊTRE, SANS ERREUR, SUPPOSÉE AUSSI PETITE QUE L'ON VOUDRA, CETTE DIFFÉRENCE EST NULLE, ET LES DEUX QUANTITÉS A ET B SONT ÉGALES. Cette proposition est évidente. On voit bien, en effet, que les deux quantités A et B étant fixes et invariables, leur différence, s'il en existait, serait elle-même fixe et aurait une valeur déterminée, et que, par conséquent, on ne pourrait pas sans erreur la supposer plus petite que cette valeur.

Nota. — Dans tout ce qui va suivre, nous aurons souvent à désigner des quantités que l'on peut, sans erreur, supposer aussi petites que l'on voudra. Nous les désignerons par des lettres de l'alphabet grec α, β, γ, δ, que l'on prononce *alpha*, *bêta*, *gamma*, *delta*.

3° Reprenons maintenant les propositions des n°s 89, 98, 232, 245, et prouvons que les proportions énoncées dans ces propositions existent encore alors que les quantités qui entrent dans un même rapport sont incommensurables.

4° Nous disons donc d'abord, que *deux angles* MAN, M'A'N' (*fig.* 192) *sont entre eux dans le même rapport que les arcs* DC, D'C' *décrits de leurs sommets comme centre, avec une même ouverture de compas, lors même que les arcs* DC, D'C' *sont incommensurables.*

Nota. — Pour plus de simplicité, nous désignerons par A et A' les angles MAN, M'A'N', et par B et B', les arcs DC, D'C'.

Démonstration. — En effet, divisons l'arc B' en un certain nombre de parties égales, et prenant une de ces divisions D'E pour unité, portons-la de D en C. Puisque l'arc B est incommensurable avec B', on trouvera cette unité contenue dans B un certain nombre de fois, avec un reste XC plus petit que l'unité; mais en prolongeant un peu l'arc B, et en portant une fois de plus l'unité D'E sur l'arc DC et son prolongement, on déterminera un point Y tel que l'arc DY soit commensurable avec l'arc D'C' ou B', en tirant une ligne AYP nous aurons donc

$$MAP : N'A'M' :: DY : D'C'.$$

Cela posé, observons 1° que l'arc CY est toujours plus petit que l'unité choisie D'E : c'est évident; 2° que cette unité D'E peut être prise aussi petite que l'on voudra; nous aurions pu, en effet, diviser D'C' en 100, 1000, 10000, etc. parties; d'où il suit 3° que l'arc CY, et, par conséquent, l'angle PAN, peuvent être sans erreur supposés aussi petits que l'on voudra. En désignant par α l'angle NAP, et par β l'arc CY, et en rappelant la notation adoptée dans la note qui précède cette démonstration, la proportion énoncée ci-dessus devient

$$A + \alpha : A' :: B + \beta : B';$$

d'où l'on tire
$$\frac{A+\alpha}{A'} = \frac{B+\beta}{B'},$$

ou bien
$$\frac{A}{A'} + \frac{\alpha}{A'} = \frac{B}{B'} + \frac{\beta}{B'},$$

ou bien encore
$$\frac{A}{A'} - \frac{B}{B'} = \frac{\beta}{B'} - \frac{\alpha}{A'}.$$

Mais le premier membre de cette équation exprime la différence de deux quantités fixes et déterminées; le second fait voir que cette différence peut être, sans erreur, supposée aussi petite que l'on voudra, puisqu'il se compose de fractions dont le dénominateur est fixe, et dont le numérateur peut être supposé aussi petit qu'on le voudra; donc, d'après le principe énoncé précédemment, les deux quantités qui composent le premier membre ne diffèrent pas, et l'on a

$$\frac{A}{A'} = \frac{B}{B'}, \quad \text{ou bien} \quad A : A' :: B : B';$$

c'est-à-dire que les deux angles MAN, M'A'N' sont entre eux comme les arcs DC, D'C', lors même que ces arcs sont incommensurables.

5* Si l'on a bien compris cette démonstration, en la répétant presque mot pour mot, on démontrera :

1° *Que lorsque deux lignes droites* AC, A'C' *sont coupées par trois parallèles* AA', BB', CC' (*fig.* 193), *les parties interceptées entre les parallèles sont proportionnelles, lors même qu'elles sont incommensurables* (98.).

2° *Que deux rectangles* ABCE, A'B'C'E' (*fig.* 194) *qui ont même base sont entre eux comme leurs hauteurs, lors même que ces hauteurs sont incommensurables* (232.).

3° *Que deux prismes* AC', MO' (fig. 170 et 174), *qui ont des bases équivalentes, sont entre eux comme leurs hauteurs, lors même que ces hauteurs sont incommensurables* (243.).

NOTE DEUXIÈME,

Renfermant une addition au Chapitre VIII.

6* Dans le Chapitre VIII, nous avons enseigné à inscrire dans un cercle certains polygones réguliers; nous allons ajouter à ce que nous avons dit à cet égard la résolution du problème suivant :

Problème. — *Inscrire dans un cercle* ABCD (*fig.* 195) *un décagone régulier, puis un pentagone et un pentadécagone aussi réguliers.*

Solution. — 1° Pour inscrire dans le cercle ABCDE un décagone régulier il faut diviser, par le point M, le rayon AO en moyenne et extrême raison (177.). La plus grande partie MO du rayon ainsi divisé sera le côté du décagone.

Pour le démontrer, prenez la corde AB = MO, nous disons que l'arc AB sera la dixième partie de la circonférence. En effet, si l'on tire les lignes OB et MB, les deux triangles OAB, MAB seront semblables, car : 1° l'angle MAB est commun aux deux; 2° puisque le point M divise AO en moyenne et extrême raison, on a la proportion

$$AM : MO :: MO : AO ;$$

ou, puisque l'on a AB = MO,

$$AM : AB :: AB : AO ;$$

donc les deux côtés qui forment l'angle A dans le triangle AMB sont proportionnels à ceux qui forment le même angle dans le triangle AOB. Donc enfin, ces deux triangles ont un angle égal compris entre deux côtés proportionnels et sont, par conséquent, semblables (110.). Or le triangle AOB est isocelle, donc aussi le triangle AMB est isocelle; donc l'angle MAB égale l'angle AMB, et les deux lignes MB et AB sont égales. D'où il suit, que MB égale MO; donc le triangle OMB est aussi isocelle, et les deux angles MOB, MBO sont égaux; mais l'angle AMB est égal à l'angle MBO plus MOB (80-5°.), donc il est double de l'angle MOB; et, par conséquent, l'angle ABO est aussi double de l'angle AOB; or l'angle ABO égale l'angle OAB, donc dans le triangle AOB, l'angle AOB est la moitié de chacun des deux autres, donc il est seulement le cinquième de la somme des trois, ou le cinquième de deux angles droits, et, par conséquent, le dixième de quatre angles droits; donc enfin l'arc AB qui lui sert de mesure est le dixième de la circonférence, et, par conséquent, la ligne AB, égale à MO, est le côté du décagone régulier inscrit.

2° Pour trouver le côté du pentagone régulier inscrit, il suffit, après avoir partagé la circonférence en dix parties égales, par le procédé précédent, de prendre un arc composé de deux de ces parties, la corde qui le sous-tendra sera le côté du pentagone régulier inscrit.

3° Pour trouver le côté du pentadécagone, il suffit de retrancher du sixième de la circonférence que l'on a appris à trouver plus haut (217.), le dixième que nous venons d'apprendre à trouver, le reste sera égal au quinzième. On a, en effet, $\frac{1}{6}-\frac{1}{10}=\frac{5}{30}-\frac{3}{30}=\frac{2}{30}=\frac{1}{15}$. La corde qui sous-tendra l'arc ainsi trouvé sera donc le côté du pentadécagone régulier inscrit.

NOTE TROISIÈME,

Renfermant des démonstrations plus rigoureuses que celles données dans le corps de l'ouvrage de plusieurs propositions qui ont pour objet la circonférence, le cercle et les corps ronds (cylindre, cône, sphère).

7* Les propositions que nous avons en vue sont renfermées dans les n°s 225, 251, 375, 376, 380, 381, 397, 398, 399, 400. Nous les réunissons ici à cause de l'analogie que présentent les démonstrations que nous nous proposons d'en donner, et pour éviter de nombreuses répétitions.

Les démonstrations que nous avons données de ces propositions, dans le cours de notre Traité, laissent peut-être quelque chose à désirer : elles supposent, en effet, que les lignes et les surfaces courbes peuvent être considérées comme composées d'une infinité de petites lignes droites, ou de surfaces planes. Or cela n'est pas rigoureusement exact, et si les mathématiciens établissent que cette méthode de démonstration, désignée quelquefois sous le nom de *méthode des infiniments petits ou des indivisibles*, ne peut pas conduire à l'erreur, nous n'avons nulle part donné cette démonstration.

8* Les démonstrations nouvelles que nous allons donner reposent sur le principe énoncé plus haut (2*), que *si l'on sait de deux quantités fixes et invariables que leur différence peut être sans erreur supposée aussi petite que l'on voudra, on peut affirmer que ces deux quantités sont égales.* Nous allons, pour rendre plus facile dans nos calculs l'application de ce principe, y joindre la proposition suivante.

9* *Quand on a un produit* AB *de deux facteurs* A et B (et nous dirions la même chose d'un produit, d'un nombre quelconque de facteurs), *si l'on aug-*

mente ou si l'on diminue ces deux facteurs, ou l'un d'eux seulement, de quantités α, β, *que l'on peut supposer aussi petites que l'on voudra, le produit nouveau que l'on obtiendra, à savoir* $(A+\alpha)\times(B+\beta)$ *pourra différer aussi peu que l'on voudra du produit de* A *par* B, *de sorte que l'on pourra remplacer* $(A+\alpha)\times(B+\beta)$, *par exemple, par* $AB+\gamma$, γ *désignant une quantité que l'on peut supposer aussi petite que l'on voudra.*

En effet, en faisant le produit de $A+\alpha$ par $B+\beta$, nous trouvons $AB+\alpha B+\beta A+\alpha\beta$. Or les trois derniers termes de cette quantité, ayant un facteur ou même deux facteurs que l'on peut supposer aussi petits que l'on voudra, leur ensemble peut être supposé aussi petit que l'on voudra et peut, par conséquent, se remplacer par $AB+\gamma$. On verrait de la même manière que $(A-\alpha)\times(B-\beta)$, peut être remplacé par $AB-\gamma$.

Indépendamment du principe que nous venons de rappeler, les démonstrations que nous allons donner supposent quelques propositions préliminaires que nous emprunterons en grande partie à la Géométrie de LEGENDRE, après avoir rappelé sous forme de proposition, pour grouper ensemble les choses de même nature, la définition de la ligne droite.

10* PREMIÈRE PROPOSITION. — *Si entre deux points donnés, on tire une ligne droite et une ligne courbe ou polygone la ligne droite sera plus courte que l'autre ligne.*

11* DEUXIÈME PROPOSITION. — *Toute ligne courbe ou polygone, qui enveloppe d'une extrémité à l'autre la ligne convexe* AMB (*fig.* 196), *est plus longue que la ligne enveloppée* AMB. (Par ligne *convexe* on entend une ligne courbe ou polygone, ou en partie courbe et en partie polygone, telle qu'une ligne droite ne peut la couper en plus de deux points; telle est, par exemple, une circonférence).

Démonstration. — En effet, si la ligne AMB n'est pas plus petite que toutes celles qui l'enveloppent, il existera, parmi ces dernières, une ligne plus courte que toutes les autres, laquelle sera plus petite que AMB, ou tout au plus égale à AMB. Soit ACDEB, cette ligne enveloppante ; entre les deux lignes menez partout où vous voudrez la droite PQ, qui ne rencontre point la ligne AMB, ou du moins qui ne fasse que la toucher ; la droite PQ est plus courte que PCDEQ ; donc si à la partie PCDEQ on substitue la ligne droite PQ, on aura la ligne enveloppante APQB plus courte que APCDEQB ; mais, par hypothèse, celle-ci doit être plus courte que toutes les autres ; donc, cette hypothèse ne saurait subsister, donc toutes les lignes enveloppantes sont plus longues que AMB.

On démontrerait absolument de la même manière qu'une ligne convexe et rentrante sur elle-même, AMB (*fig.* 197), est plus courte que toute ligne qui l'envelopperait de toutes parts, soit que la ligne enveloppant FHG touche AMB en un ou plusieurs points, soit qu'elle l'enveloppe sans la toucher.

12* TROISIÈME PROPOSITION. — *Une surface plane* OABCD (*fig.* 198) *est plus petite que toute autre surface* PABCD *terminée au même contour.*

Démonstration. — Cette proposition pourrait être considérée comme évidente, mais on la rendra plus évidente encore, si l'on considère qu'une surface étant une étendue en longueur et en largeur, on ne peut concevoir qu'une surface soit plus grande qu'une autre, à moins que les dimensions de la première n'excèdent dans quelque sens celles de la seconde, et s'il arrive que les dimensions d'une surface soient en tout sens plus petites que les dimensions d'une autre surface, il est évident que la première sera la plus petite des deux. Or, dans quelque sens qu'on fasse passer le plan BPD, qui coupera la surface plane suivant BD, et l'autre surface suivant BPD, la ligne droite BD sera toujours plus petite que BPD (10*), donc la surface plane OABCD est plus petite que la surface environnante PABCD.

13* On démontrerait à peu près de la même manière, que si deux lignes AB, CD (*fig.* 199) sont réunies par une surface plane ABCD et par une surface quelconque ABEFCD terminée par deux plans AEC, BFD perpendiculaires sur la surface ABCD, cette dernière surface ABCD sera plus petite que la surface ABEFCD. Il en serait évidemment de même si les deux lignes AB, CD se réunissaient par leurs extrémités B et D en un point M (*fig.* 200), le plan BFD se réduisant alors à ce même point M; dans ce cas, la surface plane AMC serait plus petite que la surface courbe AECM.

14* La même chose aurait lieu à plus forte raison, si les deux plans AEC, BFD dans la figure 199, ou seulement le plan AEC dans la figure 200, étaient inclinés sur le plan ABCD ou AMC, de manière à intercepter une partie de la surface courbe plus grande que celle représentée dans la figure.

15* Quatrième proposition. — *Toute surface convexe* OABCD (*fig.* 201), *est moindre qu'une autre surface quelconque qui envelopperait la première en s'appuyant sur le même contour.* (Par surface convexe on entend une surface courbe, ou composée de surfaces courbes ou planes, qui ne peut être rencontrée par une ligne droite en plus de deux points, à moins que cette ligne ne soit tout entière dans la surface. Telles sont, par exemple, les surfaces d'un cylindre, d'un cône, d'une sphère).

Démonstration. — En effet, si la surface OABCD, n'est pas plus petite que toutes celles qui l'enveloppent; soit, parmi celles-ci, PABCD la surface la plus petite qui sera au plus égale à OABCD. Par un point quelconque O faites passer un plan qui touche la surface OABCD sans la couper; ce plan rencontrera la surface PABCD, et la partie qu'il en retranchera sera plus grande que le plan terminé à la même surface : donc, en conservant le reste de la surface PABCD, on pourrait substituer le plan à la partie retranchée, et on aurait une nouvelle surface qui envelopperait toujours la surface OABCD et qui serait plus petite que PABCD. Mais la surface PABCD est la plus petite de toutes par hypothèse; donc cette hypothèse ne saurait subsister; donc la surface convexe OABCD est plus petite que toute autre surface qui envelopperait OABCD, et qui serait terminée au même contour ABCD.

16* On démontrerait absolument de la même manière, que si l'on réunit les deux lignes AB, CD (*fig.* 202) situées dans un même plan, par différentes surfaces convexes ABEFCD, ABMNCD, terminées par les mêmes plans perpendiculaires au plan des lignes ABCD, la surface enveloppante sera plus grande que la surface enveloppée. La même chose aurait lieu si, comme dans la figure 203, les extrémités B et D des deux lignes AB, CD, se réunissaient en un point M, et les deux surfaces BFD, BND, se réduisant à ce même point M, et, à plus forte raison, si les plans qui terminent les surfaces convexes étaient inclinés de manière à en intercepter des parties plus grandes que celles représentées dans les figures 202 et 203.

17* Le même raisonnement prouverait encore que si une surface convexe terminée par deux contours ABC, DEF (*fig.* 204) est enveloppée par une autre surface quelconque terminée aux mêmes contours, la surface enveloppée sera la plus petite des deux.

17* *bis.* Enfin, on prouverait toujours par le même raisonnement, que si une surface convexe AB (*fig.* 205) est enveloppée de toutes parts par une autre surface, soit qu'elles aient des points, des lignes ou des plans communs, soit qu'elles n'aient aucun point commun, la surface enveloppée est toujours plus petite que la surface enveloppante.

18* Il suit de là : 1° Que si l'on inscrit et l'on circonscrit à un cercle deux polygones, la circonférence sera toujours plus grande que le périmètre du polygone inscrit et plus petite que le périmètre du polygone circonscrit (11*).

19* 2° Que si l'on inscrit et l'on circonscrit à un cercle (*fig.* 206) deux polygones, et qu'on construise sur le cercle et sur les deux polygones un cylindre et deux prismes droits de même hauteur, la surface convexe du cylindre sera plus grande que la surface convexe du prisme inscrit et plus petite que la surface convexe du prisme circonscrit. En effet, si nous considérons les parties des surfaces convexes de ces trois corps compris entre les arêtes consécutives AC, BD, nous verrons que la partie de la surface convexe du cylindre comprise entre ces deux arêtes sera plus grande que la partie correspondante de la surface du prisme inscrit et plus petite que la partie correspondante du prisme circonscrit (13*, 16*.); donc il en sera de même de toute la surface convexe du cylindre relativement à toute la surface convexe du prisme inscrit et toute celle du prisme circonscrit.

20* 3° Que si l'on inscrit et l'on circonscrit à un cercle deux polygones (*fig.* 207) d'un même nombre de côtés, et si l'on construit sur ce cercle et sur ces polygones un cône droit et deux pyramides régulières de même hauteur, la surface convexe du cône sera plus grande que la surface convexe de la pyramide inscrite et plus petite que la surface convexe de la pyramide circonscrite. La démonstration est la même que dans le numéro précédent.

21* 4° Que si l'on inscrit et l'on circonscrit à un demi-cercle (*fig.* 208) deux moitiés de polygones réguliers d'un même nombre de côtés, et qu'on fasse tourner le tout autour du diamètre AB, la surface de la sphère engendrée sera plus grande que la surface convexe du corps produit par la révolution du demi-polygone inscrit et plus petite que celle du corps produit par la révolution du demi-polygone circonscrit (17* *bis.*).

Nous allons maintenant établir une autre série de propositions qui nous achemineront vers les démonstrations que nous avons eues en vue. Voici ces propositions. N'oublions pas que dans tout ce qui va suivre nous ne représenterons par des lettres de l'alphabet grec que des quantités que nous pourrons supposer aussi petites que nous voudrons.

22* Première proposition. — *En multipliant suffisamment le nombre des côtés de deux polygones* ABCDE, A'B'C'D'E' (*fig.* 126) *inscrits et circonscrits à une circonférence, on peut faire que la circonférence diffère d'une quantité aussi petite qu'on le voudra du périmètre du polygone inscrit et du périmètre circonscrit* (225.).

Démonstration. — En effet, quand on a deux polygones réguliers d'un même nombre de côtés ABCDE, A'B'C'D'E' (*fig.* 126), l'un inscrit et l'autre circonscrit à un cercle, on a la proportion

$$A'B' : AB :: HO' : HO,$$

ou bien, en appelant R le rayon HO' du cercle auquel le polygone A'B'C'D'E' est circonscrit, et γ la différence entre ce rayon et HO, l'apothème du polygone inscrit,

$$A'B' :: AB :: R : R - \delta,$$

mais au rapport A'B' : AB des côtés des deux polygones, nous pouvons évidemment substituer celui des deux contours ou périmètres, qui lui est égal, puisque ces périmètres sont composés d'un même nombre de fois les côtés A'B' et AB. Nous aurons donc, en appelant P' et P, les périmètres des deux

polygones, $$P' : P :: R : R - \delta,$$
d'où (Arith., 235.) $$P' - P : P' :: \delta : R,$$
d'où $$P' - P = \frac{P'\delta}{R}.$$

Mais le second membre de cette équation peut devenir aussi petit qu'on le voudra, puisqu'en multipliant suffisamment les côtés du polygone on peut prendre la différence δ, qui existe entre HO' et HO, aussi petite que l'on voudra. Donc, le premier membre qui exprime la différence entre le périmètre des deux polygones peut, en multipliant suffisamment le nombre de leurs côtés, devenir aussi petit que l'on voudra, et puisque la circonférence est toujours comprise entre ces deux périmètres, il s'en suit que la différence entre la circonférence et le périmètre du polygone inscrit ou celui du polygone circonscrit, peut être aussi supposée aussi petite que l'on voudra.

23* Deuxième proposition. — *En multipliant suffisamment le nombre de côtés des polygones inscrits et circonscrits à un cercle, on peut faire que l'aire du cercle diffère aussi peu qu'on le voudra des aires des polygones inscrits et circonscrits.*

Démonstration. — En effet, appelons P et A le périmètre et l'apothème du polygone inscrit, son aire sera exprimée par $\frac{P \times A}{2}$; si nous appelons $P + \beta$ et $A + \alpha$, le périmètre et l'apothème du polygone circonscrit, qui peuvent différer aussi peu qu'on le voudra de P et de A (22*.), l'aire du polygone circonscrit sera exprimée par $\frac{(P + \beta) \times (A + \alpha)}{2}$; or, cette quantité peut se mettre sous la forme $\frac{P \times A + \gamma}{2}$ (9*.). Donc l'aire du polygone circonscrit peut différer aussi peu qu'on le voudra de l'aire du polygone inscrits, et, par conséquent, chacune de ces deux aires peut aussi différer aussi peu qu'on le voudra de celle du cercle, toujours comprise entre l'une et l'autre.

24* TROISIÈME PROPOSITION. — *En multipliant suffisamment le nombre des faces latérales de deux prismes droits réguliers inscrits et circonscrits à un cylindre, on peut faire que la surface convexe du cylindre diffère aussi peu qu'on le voudra de la somme des faces latérales du prisme inscrit et aussi de la somme des faces latérales du prisme circonscrit.*

Démonstration. — La démonstration de cette proposition est, à bien peu de chose près, la même que celle de la proposition précédente : en effet, en appelant P le périmètre du polygone qui sert de base au prisme inscrit au cercle, et H la hauteur de ce prisme, sa surface convexe est exprimée par $P \times H$; mais le prisme circonscrit a même hauteur que le prisme inscrit, et son périmètre peut différer aussi peu qu'on le voudra de P; l'aire de sa surface latérale sera donc $(P + \beta) \times H$, ou $P \times H + \alpha \times H$, quantité qui peut différer aussi peu qu'on le voudra de $P \times H$. Donc la surface convexe du cylindre compris entre l'un et l'autre différera aussi peu qu'on le voudra des faces latérales des prismes inscrits et circonscrits.

25* QUATRIÈME PROPOSITION. — *En multipliant suffisamment le nombre des faces latérales de deux prismes droits inscrits et circonscrits à un cylindre, on peut faire que le volume du cylindre diffère aussi peu qu'on le voudra des volumes des prismes inscrits et circonscrits.*

Démonstration. — La démonstration de cette proposition est en tout semblable à celle de la proposition précédente, les volumes des prismes étant égaux au produit des polygones qui leur servent de base multiplié par la hauteur (351.).

26* CINQUIÈME PROPOSITION. — *En multipliant suffisamment les côtés des polygones qui servent de bases à deux pyramides régulières, l'une inscrite et l'autre circonscrite à un cône droit, on peut faire que la surface convexe du cône diffère aussi peu qu'on le voudra de la surface latérale de chacune de ces deux pyramides, et aussi que le volume du cône diffère aussi peu qu'on le voudra des volumes de ces mêmes pyramides.*

Démonstration. — La démonstration des deux parties de cette proposition est toute semblable à celle de la seconde et à celle de la troisième des propositions précédentes. Pour donner cette démonstration il suffit de chercher les expressions de la surface latérale (369.) et du volume (364.) de la pyramide inscrite, et de faire voir que ces expressions différeront aussi peu qu'on le voudra des expressions de la surface latérale et du volume de la pyramide circonscrite.

27* SIXIÈME PROPOSITION. — *En multipliant suffisamment le nombre des côtés des polygones inscrits et circonscrits à un demi-cercle, la surface de la sphère décrite par la révolution de ce demi-cercle autour de son diamètre, différera aussi peu qu'on le voudra des surfaces des corps décrits par la révolution des deux demi-polygones.*

Démonstration. — En effet, appelons A l'apothème du demi-polygone inscrit, R le rayon du demi-cercle; A pourra être représenté par $R - \alpha$, et la circonférence décrite avec A comme rayon aura donc pour expression $2\pi(R -$

α) (282), et comme la hauteur du volume engendré par la révolution du demi-polygone inscrit est évidemment 2R, la surface de ce volume sera égale à $2\pi(R-\alpha)\times 2R$, ou $4\pi R^2 - 4\pi\alpha R$. De même, comme le demi-polygone circonscrit a pour apothème le rayon R, et pour hauteur $2(R+\beta)$ (en appelant β la différence entre l'apothème R du demi-polygone circonscrit et la ligne qui irait du centre aux sommets de ce polygone), la surface du volume engendré par sa révolution sera égale à $2\pi R\times 2(R+\beta)$, ou $4\pi R^2 + 4\pi\beta R$. Mais cette expression peut évidemment différer aussi peu qu'on le voudra de celle trouvée pour la surface du volume décrit par la révolution du demi-polygone inscrit. Donc la surface de la sphère décrite par la révolution du demi-cercle, toujours comprise entre les deux autres surfaces, peut aussi différer de chacune d'elles aussi peu qu'on le voudra (*fig.* 208).

28* *Nota.* — Ce que nous venons de dire de la sphère et des demi-polygones tout entiers se dirait évidemment encore d'une zône sphérique et des surfaces convexes des deux corps produits par la révolution de deux portions de polygones inscrits et circonscrits à l'arc du cercle dont la révolution produit la zône dont il s'agit.

29* Septième proposition. — *En supposant les mêmes choses que dans la sixième proposition, le volume de la sphère produit par la révolution du demi-cercle, peut différer aussi peu qu'on le voudra du volume des corps produits par la révolution des demi-polygones inscrits et circonscrits à ce demi-cercle.*

Nous mettons ici cette proposition pour réunir sous un même coup-d'œil, toutes les choses qui ont de l'analogie. Elle se prouverait, du reste, comme les propositions précédentes, mais il faudrait auparavant donner l'expression du volume des corps produits par la révolution des demi-polygones inscrits et circonscrits au demi-cercle, ce que nous n'avons pas encore fait. Nous renvoyons tout ce qui regarde le volume de la sphère, des secteurs et des segments sphériques, aux n°s 37*-43*.

Nous pouvons passer maintenant à la démonstration rigoureuse des propositions que nous avons en vue dans cette note.

30* Première proposition. — *L'aire d'un cercle a pour mesure la moitié du produit de la circonférence par le rayon.*

Démonstration. — En effet, si l'on inscrit un polygone régulier dans un cercle, et qu'on appelle P le périmètre de ce polygone, A son apothème, l'expression de son aire sera $\frac{P\times A}{2}$ (250). Mais en multipliant suffisamment le nombre des côtés du polygone, on peut faire que son périmètre et son apothème diffèrent aussi peu qu'on le voudra de la circonférence et du rayon du cercle, que nous désignerons par *Circ.* et R : donc, en représentant par α la différence qui existe entre la circonférence et le périmètre du polygone inscrit, et par β la différence entre le rayon du cercle et l'apothème de ce même polygone, nous pourrons à P et à A substituer *Circ.* $-\alpha$ et $R-\beta$, et l'aire du polygone pourra être représentée par

$$\frac{(Circ. - \alpha)\times(R-\beta)}{2}$$

Mais, en multipliant suffisamment le nombre des côtés, nous pourrons faire que l'aire du polygone diffère aussi peu que nous le voudrons de l'aire du cercle que nous représenterons par *Cerc.*; nous pourrons donc avoir, en désignant par γ une quantité aussi petite que nous voudrons,

$$Cerc. - \frac{(Circ. - \alpha) \times (R - \beta)}{2} = \gamma.$$

D'où nous pourrons déduire (9*), en appelant δ une quantité aussi petite que nous voudrons,

$$Cerc. - \frac{(Circ. \times R) - \delta}{2} = \gamma,$$

ou bien

$$Cerc. - \frac{(Circ. \times R)}{2} = \gamma - \frac{\delta}{2}.$$

Mais le premier membre de cette équation exprime la différence de deux quantités fixes et invariables, le second représente une quantité qu'on peut supposer aussi petite que l'on voudra; donc les deux quantités qui composent le premier membre sont égales, et l'on a, par conséquent,

$$Cerc. = \frac{Circ. \times R}{2};$$

ce qu'il fallait prouver.

31* Deuxième proposition. — *La surface convexe d'un cylindre droit a pour mesure la circonférence de la base multipliée par la hauteur.*

Démonstration. — En effet, en supposant un prisme régulier inscrit dans ce cylindre, et en appelant P le périmètre de sa base et H la hauteur, sa surface latérale aura pour expression $P \times H$. Mais à P on peut substituer $Circ. - \alpha$, et en appelant γ la différence entre la surface latérale du prisme et celle du cylindre que nous représenterons par *Surf. cylind.*, cette différence pourra être supposée aussi petite que l'on voudra (19*), et nous aurons

$$Surf.\ cylind. - (Circ. - \alpha) \times H = \gamma,$$

d'où nous concluons, comme précédemment,

$$Surf.\ cylind. = Circ. \times H.$$

32* Troisième proposition. — *Le volume du cylindre a pour mesure l'aire de la base multipliée par la hauteur.*

Démonstration. — La démonstration de cette proposition est la même que celle de la proposition précédente, en substituant les volumes du cylindre et du prisme inscrit à leur surface latérale, et l'aire des bases à leurs contours.

33* Quatrième proposition. — *La surface convexe d'un cône droit a pour mesure la moitié du produit de la circonférence de la base par la génératrice.*

Démonstration. — C'est encore la même démonstration que pour la seconde proposition; elle se fait en circonscrivant une pyramide régulière au cône, et en cherchant l'expression de sa surface latérale, au moyen de la circonférence de la base et de la génératrice du cône.

34* CINQUIÈME PROPOSITION. — *Le volume du cône a pour expression le tiers du produit de l'aire de la base par la hauteur.*

Démonstration. — La même que pour la proposition précédente.

35* SIXIÈME PROPOSITION. — *La surface de la sphère est égale à quatre fois celle d'un grand cercle, et, par conséquent, en appelant* R *le rayon, elle est représentée par* $4\pi R^2$.

Démonstration. — En effet, si l'on inscrit à un demi-cercle un demi-polygone régulier (*fig.* 208), et qu'on les fasse tourner l'un et l'autre autour du diamètre AB, la surface du volume produit par la révolution du demi-polygone sera égale à $2\pi A \times 2R$ (395.), en appelant R le rayon du cercle, et A l'apothème du polygone; mais à la place de A on peut mettre $R - \alpha$, α étant une quantité que l'on pourra supposer aussi petite qu'on voudra, en multipliant suffisamment le nombre des côtés du demi-polygone; donc, en désignant par *Surf. sph.* la surface de la sphère, on aura (27*)

$$Surf.\ sph. - 2\pi(R - \alpha) \times 2R = \gamma;$$

d'où l'on conclut

$$Surf.\ sph. = 4\pi R^2.$$

36* On prouverait absolument de la même manière, que *la surface d'une zône sphérique dont la hauteur est* H, *a pour expression* $2\pi RH$.

37* Nous allons passer maintenant à une démonstration rigoureuse de la proposition du nº 399 relative à l'expression du volume d'une sphère, mais nous avons besoin, pour y arriver, de deux propositions préliminaires que nous énoncerons comme il suit :

38* PREMIÈRE PROPOSITION. — *Si l'on fait tourner un triangle* ABC (*fig.* 209) *autour d'un de ses côtés*, AC, *par exemple, le volume engendré par cette révolution aura pour expression le tiers du produit de l'aire convexe du cône décrit par la ligne* AB, *multipliée par la perpendiculaire* CD *abaissée du point* C *sur le côté* AB [*ou sur son prolongement* (fig. 210)].

Démonstration. — Pour le prouver, tirons BM perpendiculaire sur AC et CD perpendiculaire sur AB. Cela posé, le volume décrit par le triangle ABC en tournant autour de AC sera la somme des deux cônes droits décrits par les triangles ABM, CBM, lesquels ont pour mesure le produit de l'aire du cercle qui leur sert de base [et dont l'expression est $\pi\overline{BM}^2$ (282.)] multipliée par le tiers des hauteurs AM et CM (381.). Donc ce volume est représenté par

$$\pi\overline{BM}^2 \times \left(\frac{AM}{3} + \frac{CM}{3}\right) \quad \text{ou} \quad \pi\overline{BM}^2 \times \frac{AC}{3}. \qquad (A)$$

De plus, la surface convexe du cône engendré par ABM a pour expression la moitié de la circonférence dont le rayon est BM, ou πBM (282.), multiplié par AB (380.), ou

$$\pi BM \times AB. \qquad (B)$$

Cela posé, les deux triangles ADC, ABM, semblables puisqu'ils sont rectangles et ont un angle aigu commun (108.), donnent

$$AC : DC :: AB : BM ;$$

d'où
$$DC = \frac{AC \times BM}{AB},$$

et si l'on multiplie l'expression (B) par le tiers de cette valeur de DC, on aura

$$\pi BM \times AB \times \frac{AC \times BM}{3AB} \quad \text{ou} \quad \frac{\pi \overline{BM}^2 \times AC}{3},$$

ce qui est précisément l'expression (A). Donc le volume décrit par le triangle ABC est égal à l'aire convexe du cône décrit par AB, multiplié par la perpendiculaire DC ; ce qu'il fallait prouver.

39* Deuxième proposition. — *Si l'on circonscrit à un demi-cercle un demi-polygone régulier* ABCDEFGHI (*fig.* 211), *et qu'on fasse tourner le tout autour du diamètre* AC, *le volume engendré par ce demi-polygone aura pour expression le produit de la moitié de sa surface multiplié par le tiers de l'apothème* OP *du polygone.*

Démonstration. — En effet, il résulte de la proposition précédente que : 1° Le volume engendré par le triangle ABO aura pour expression la surface produite par la révolution de AB, multipliée par l'apothème OP.

2° Si nous considérons maintenant le volume engendré par la révolution du triangle BOC, nous verrons qu'il est la différence de ceux engendrés par la révolution des deux triangles MCO et MBO. Or, d'après la proposition précédente, ces deux volumes ont pour expression, le premier la surface produite par la révolution de MC, multipliée par le tiers de OQ, le second la surface produite par la révolution de MB, multipliée par le tiers de OQ ; donc le volume engendré par le triangle BOC aura pour expression le produit de la surface engendrée par la révolution de CB, multipliée par le tiers de OQ. Il en serait évidemment de même du volume engendré par la révolution du triangle COD et des autres qui le suivent. Donc le volume total engendré par la révolution du demi-polygone ABCDEFGHI aura pour expression la surface du volume engendré par la révolution de ce demi-polygone multipliée par le tiers de l'apothème OP égal à OQ.

39* *bis. Nota.* — La démonstration que nous venons de donner prouve qu'*il en serait de même du volume engendré par la révolution de la surface comprise entre deux rayons du cercle et une partie du polygone aboutissant aux extrémités de ces deux rayons.*

40* Troisième proposition. — *Si l'on inscrit et si l'on circonscrit à un demi-cercle deux polygones réguliers d'un même nombre de côtés, et qu'on fasse tourner le tout autour du diamètre, la différence des volumes engendrés par la révolution des polygones pourra, en multipliant suffisamment le nombre des côtés, devenir aussi petite que l'on voudra.*

Démonstration. — En effet, ces volumes auront pour expression le produit de la surface engendrée par les polygones, multipliée par le tiers des apothèmes correspondants; mais ces surfaces et ces apothèmes pourront, en multipliant suffisamment le nombre des côtés, différer aussi peu qu'on le voudra (27.); donc aussi leurs produits et les volumes qu'ils représentent (9*).

41* *Corollaire.* — Donc *le volume de la sphère, toujours compris entre les deux volumes engendrés par les révolutions des demi-polygones pourra différer aussi peu que l'on voudra de l'un et de l'autre.*

42* *Nota. — Il en serait évidemment de même d'un secteur sphérique relativement aux deux volumes engendrés par la révolution des parties des polygones qui correspondraient à l'arc du secteur circulaire correspondant.*

43* QUATRIÈME PROPOSITION. — *Le volume d'une sphère est égal au produit de la surface par le tiers du rayon, ou à* $\frac{4}{3}\pi R^3$.

Démonstration. — En effet, le volume engendré par la révolution du demi-polygone régulier inscrit à un demi-cercle est égal à la surface de ce volume, multiplié par le tiers de l'apothème (39*), ou, en appelant cette surface S et l'apothème A, il est égal à

$$\frac{S \times A}{3}.$$

Mais en désignant par *Surf. sph.* la surface de la sphère, et par R le rayon, nous pouvons à S et à A substituer *Surf. sph.* $-\beta$, et $R-\alpha$; et si, de plus, nous représentons par *Vol. sph.* le volume de la sphère, et par γ la différence entre ce volume et celui engendré par la révolution du demi-polygone, qui peut en différer aussi peu qu'on le voudra, nous aurons

$$Vol.\ sph. = \frac{(Surf.\ sph. - \beta) \times (R-\alpha)}{3} = \gamma,$$

ou bien (9*) $$Vol.\ sph. = \frac{Surf.\ sph. \times R}{3} - \frac{\delta}{3} = \gamma.$$

D'où nous concluons

$$Vol.\ sph. = \frac{Surf.\ sph. \times R}{3}.$$

Mais la surface de la sphère est égale à quatre fois l'aire d'un grand cercle ou $4\pi R^2$ (35*.); donc le volume de la sphère est égal à $\frac{4}{3}\pi R^3$.

43* *bis.* On prouverait absolument de la même manière qu'*un secteur sphérique a pour mesure l'aire de la zône qui lui sert de base, multipliée par le tiers du rayon, ou, en appelant* H *la hauteur de cette zône,* $\frac{2}{3}\pi R^2 H$ (puisque l'aire de la zône a pour expression $2\pi RH$).

NOTE QUATRIÈME,

Où l'on prouve que les circonférences sont entre elles comme les rayons, et les cercles comme les carrés des rayons (n°s 274 *et* 275).

44* Pour prouver que les circonférences sont entre elles comme les rayons on s'appuie encore sur le principe énoncé n° 2*. En effet, soient deux circonférences *Circ.* et *Circ.'*, soient leurs rayons R et R', soient P et P' les contours de deux polygones réguliers d'un même nombre de côtés inscrits dans ces circonférences, nous aurons (270.)

$$P : P' :: R : R'.$$

Mais à la place de P et P' nous pouvons mettre *Circ.* — α, *Circ.'* — α', on aura ainsi

$$Circ. - \alpha : Circ.' - \alpha' :: R : R';$$

d'où l'on déduit successivement

$$\frac{Circ. - \alpha}{R} = \frac{Circ.' - \alpha'}{R'}, \qquad \frac{Circ.}{R} - \frac{\alpha}{R} = \frac{Circ'.}{R'} - \frac{\alpha'}{R'},$$

$$\frac{Circ.}{R} - \frac{Circ.'}{R'} = \frac{\alpha}{R} - \frac{\alpha'}{R'},$$

et enfin,

$$\frac{Circ.}{R} = \frac{Circ.'}{R'}; \qquad \text{ou} \qquad Circ. : Circ.' :: R : R'.$$

45* Une semblable démonstration prouverait que les cercles sont entre eux comme le carré des rayons.

NOTE CINQUIÈME.

Nouvelles démonstrations des propositions énoncées dans les nos 344, 359.

46* La démonstration des propositions renfermées dans les nos 344, 359 repose sur cette considération que les volumes peuvent être considérés comme la réunion d'une infinité de surfaces superposées les unes aux autres. Cette manière de concevoir les volumes est la reproduction de celle par laquelle on considère les lignes comme composées d'une infinité de points, et les surfaces d'une infinité de lignes (7*); elle donne lieu, par conséquent, aux mêmes objections. Nous allons donc donner de nouvelles démonstrations des propositions énoncées dans les nos 344 et 359; elles reposeront sur le principe énoncé plus haut (2*), et pour cela nous établirons les propositions suivantes.

47* Première proposition. — *Deux prismes droits qui ont des bases égales et des hauteurs égales sont égaux.*

Démonstration. — Soient les deux prismes droits MO' et AC'' (*fig.* 174 et 170). Supposons que la base ABCD soit égale à la base MNOP, et que la hauteur MM' égale à AA''. Si nous portons la base MNOP sur ABCD de manière que les points M, N, O, P, coïncident avec A, B, C, D, les lignes MM', NN', OO', PP' se confondront avec AA'', BB'', CC'', DD'', et les deux prismes MO' et AC'' coïncideront parfaitement, et seront, par conséquent, égaux.

47* *bis.* Deuxième proposition. — *Deux prismes droits* X *et* Z (*fig.* 212) *de même hauteur et de bases équivalentes sont équivalents.*

Démonstration. — En effet, si l'on divise les deux bases en petits carrés égaux par des lignes perpendiculaires entre elles, ces petits carrés occuperont ces bases tout entières, à l'exception d'un petit contour représenté en noir dans la figure; et, en rapprochant convenablement les lignes qui forment ces petits carrés, on pourra rendre aussi petit qu'on le voudra ce petit contour représenté en noir. Cela posé, si l'on construit sur chaque petit carré des prismes droits, tels que E, E', ils seront équivalents, d'après la proposition précédente. S'il y avait dans chaque base le même nombre de petits carrés, l'ensemble des petits prismes à bases carrées formés sur la première base serait égal à l'ensemble des prismes semblables formés sur la seconde. Mais, quoique les bases des prismes X et Z soient équivalentes, il pourrait se faire, vu l'espace perdu près du contour, qu'il n'y eût pas le même nombre de carrés dans les deux bases. Quoi qu'il en soit, appelons V le volume formé par l'ensemble des petits prismes à bases carrées dans celui où il y en a le moins, dans Z, par exemple, nous aurons

$$Z = V + \alpha,$$

α désignant une quantité qui pourra être supposée aussi petite que l'on voudra, et qui est la partie du prisme Z qui n'est pas occupée par les petits prismes construits sur les carrés de sa base. Appelons encore V le volume formé dans le second prisme par un nombre de petits prismes égal à celui qui existe dans Z, nous aurons encore

$$X = V + \beta,$$

β désignant également une quantité que l'on pourra supposer aussi petite que l'on voudra. En retranchant ces deux équations membre à membre, il vient

$$Z - X = \alpha - \beta;$$

d'où l'on conclut, d'après le principe du n° 2*,

$$Z = X.$$

48* Troisième proposition. — *Deux prismes quelconques* X *et* Z (*fig.* 213) *qui ont même hauteur et des bases équivalentes sont équivalents.*

Démonstration. — Pour le prouver, divisons la hauteur du prisme X, en un certain nombre de parties égales par des plans perpendiculaires à cette hauteur, ou, ce qui revient au même, parallèles à la base, et par le sommet des angles E, I, K, etc., de la base, et ceux O, X, Y; S, U, T, etc., des angles des sections que chacun de ces plans fait dans le prisme X, menons des lignes telles que EE', II', KK' OO', XX', YY', etc., perpendiculaires au plan suivant prolongé s'il est nécessaire; de sorte que les lignes OO', XX', YY', par exemple, n'aillent que du plan OXY au plan suivant SUT prolongé jusqu'en O', X', Y', et ainsi des autres. Par cette construction on aura une pile oblique de petits prismes droits EIKE'I'K', OXYO'X'Y', etc., qui seront tous égaux, puisqu'ils ont même hauteur et des bases égales (344.). Cela posé, remarquons que la différence, s'il y en a, entre le prisme X et la somme des petits prismes qui composent la pile oblique peut être rendue aussi petite que l'on voudra en rapprochant de plus en plus les plans qui coupent le prisme X, et, par conséquent, en multipliant convenablement le nombre de petits prismes qui composent la pile oblique (a). En appelant donc P, cette pile oblique, nous aurons, en désignant par α une quantité aussi petite qu'on le voudra, $X - P = \alpha$, ou $P - X = \alpha$, suivant que l'on supposera X plus grand ou plus petit que α.

Observons maintenant, que la somme P des petits prismes droits que nous avons formés est invariable, quel que soit le nombre de ces prismes; en effet, si après avoir divisé le prisme X de manière à avoir dix petits prismes, par exemple, on le divisait de manière à en avoir vingt ou trente, etc., chacun des petits prismes provenant de la seconde division aurait une hauteur deux fois, trois fois, etc., plus petite que celle des petits prismes provenant de la première division; mais comme il y en aurait deux fois ou trois fois plus, la somme serait la même; ainsi P est une quantité invariable. L'équation précédente exprime donc que la différence de deux quantités fixes et déterminées peut être sans erreur supposée aussi petite que l'on voudra; donc elles ne diffèrent pas et l'on a

$$X = P.$$

Si nous divisons maintenant le prisme Z comme nous avons divisé le prisme X et que nous fassions une construction semblable, nous aurons une seconde pile oblique de petits prismes droits qui seront équivalents à ceux de la figure précédente, comme ayant même hauteur et des bases équivalentes; la somme de ces petits prismes sera donc encore P, et nous démontrerions comme précédemment que l'on a

$$Z = P.$$

De cette équation et de la précédente on déduit

$$X = Z,$$

ce qu'il fallait prouver.

49' Quatrième proposition. — *Deux pyramides* X *et* Z (fig. 214) *qui ont même hauteur et des bases équivalentes sont équivalentes.*

Démonstration. — La démonstration de cette proposition est à bien peu près la même que celle de la proposition précédente. En supposant que les

(a) Si l'on avait le moindre doute sur l'exactitude de cette assertion, on en aurait la preuve en considérant que, si l'on compare chacun des petits prismes droits compris entre deux des plans parallèles qui divisent le prisme total X, avec la portion de ce prisme comprise entre les mêmes plans, on trouve : 1. qu'il y a une partie commune; 2. qu'il y a une partie propre au petit prisme, et un autre propre à la partie correspondante du prisme X. Or, en rapprochant suffisamment les deux plans parallèles, ces dernières parties deviennent de plus en plus petites, de sorte que le petit prisme droit compris entre deux plans consécutifs tend à se confondre avec la partie correspondante du prisme X, et que par suite l'ensemble des petits prismes droits tend à se confondre avec le prisme droit X, sans qu'on puisse assigner de limite à ce rapprochement.

deux pyramides soient coupées par un même nombre de plans parallèles aux bases, et équidistants entre eux, et que sur les bases et les sections on construise des prismes droits terminés aux plans des sections immédiatement supérieures, comme le représente la figure, on aura, à la place de chaque pyramide, une série de petits prismes superposés, dont la somme pourra approcher autant qu'on le voudra de la valeur de la pyramide, de sorte qu'en appelent P cette somme, on aura pour la première

$$P - X = \alpha.$$

De plus, chaque petit prisme de la seconde pyramide sera équivalent à celui de même rang dans la première, puisqu'il aura même hauteur et une base équivalente, d'après ce que nous avons dit n° 47* *bis;* donc la somme des petits prismes qui remplacent la seconde pyramide sera encore P et l'on aura, en désignant par β une quantité que l'on pourra supposer aussi petite qu'on voudra,

$$P - Z = \beta.$$

En retranchant membre à membre cette équation de la précédente, il vient

$$P - X - P + Z = \alpha - \beta,$$

ou bien

$$Z - X = \alpha - \beta,$$

d'où, d'après le principe du n° 2*,

$$Z = X;$$

ce qu'il fallait prouver.

50* *Nota.* — Les propositions que nous venons de démontrer sont un acheminement à celles qui donnent la mesure d'un prisme et d'une pyramide quelconque. Dans la plupart des Traités de Géométrie on arrive à cette détermination par la série des propositions suivantes, dont quelques-unes ont été démontrées dans notre Traité. Nous engageons à rechercher la démonstration des autres.

Première proposition. — *Deux prismes droits de même base et de même hauteur sont égaux* (17*).

Deuxième proposition. — *Deux parallélipipèdes construits sur une même base inférieure, et dont les surfaces supérieures se trouvent dans un même plan, sont équivalents.* (Pour démontrer cette proposition autrement que les propositions énoncées dans les n°s 344 et 48*, on l'examine d'abord dans les deux cas où deux des faces latérales de l'un des parallélipipèdes sont dans les mêmes plans que deux des faces latérales de l'autre, puis dans celui où il en est autrement). (Voir la *fig.* 215.)

Troisième proposition. — *Un parallélipipède peut se décomposer en deux prismes triangulaires de même hauteur et dont les bases sont des triangles egaux à la moitié des parallélogrammes qui servent de base à ces parallélipipèdes.*

Quatrième proposition. — *Un prisme triangulaire peut toujours être considéré comme provenant d'une décomposition semblable à celle exprimée dans la proposition précédente.*

Cinquième proposition. — *Un prisme quelconque peut toujours se décomposer en prismes triangulaires de même hauteur et dont l'ensemble des bases forme le polygone qui sert de base à ce prisme.*

Sixième proposition. — *Un prisme triangulaire peut toujours se décomposer en trois pyramides équivalentes et dont deux ont même hauteur et même base que ce prisme.* (361.)

Septième proposition. — *Une pyramide triangulaire quelconque est le tiers d'un prisme de même base et de même hauteur.*

Huitième proposition. — *Une pyramide quelconque peut se décomposer en pyramides triangulaires de même hauteur, et dont l'ensemble des bases forme le polygone qui sert de base à cette pyramide.*

51* Ces propositions établies, on démontre, comme nous l'avons fait (348.) : 1° qu'un parallélipipède rectangle a pour mesure le produit des trois arêtes qui se réunissent à un même angle solide, ou, ce qui revient au même, le produit de la base par la hauteur, puis on déduit de là et des propositions précédentes l'expression du volume; — 2° d'un parallélipipède quelconque; — 3° d'un prisme triangulaire; — 4° d'un prisme quelconque; — 5° d'une pyramide triangulaire; — 6° d'une pyramide quelconque.

NOTE SIXIÈME.

Sur les angles polyèdres.

52* Les angles sont ou *plans*, ou *dièdres*, ou *polyèdres*, suivant qu'ils sont formés par deux lignes droites situées dans un même plan, ou par deux plans qui passent par une même ligne droite, ou enfin par plus de deux plans passant par un même point et se rencontrant deux à deux.

Les angles plans ne dépendent que de l'inclinaison des deux lignes qui les forment. Il en est de même des angles dièdres par rapport aux plans dont ils sont formés, et nous avons vu que ces angles se mesurent par l'angle formé par deux lignes tirées dans ces plans perpendiculairement à leur intersection et passant par un même point de cette intersection (323.)

Quand aux angles polyèdres, ils sont plus compliqués, et leur grandeur dépend d'un plus grand nombre d'éléments que celle des angles plans ou des angles dièdres. On trouve dans un bon nombre de Traités de Géométrie, relativement aux angles polyèdres, une série de propositions que nous avons supprimées à dessein, mais que nous allons énoncer ici. Le lecteur pourrait, si le but de ses études exigeait la connaissance de ces propositions, en chercher lui-même les démonstrations ou les emprunter à quelqu'un des Traités où elles se trouvent exposées.

Première proposition. — *Dans un angle trièdre, une des faces des angles plans est toujours plus petite que la somme des deux autres, et plus grande que leur différence.* — (Observons que dans un angle trièdre une face est dite plus grande ou plus petite qu'une autre, suivant que l'angle plan qu'elle forme est plus grand ou plus petit que celui de cette autre face.)

Deuxième proposition. — *La somme des angles plans qui composent un angle polyèdre est toujours plus petite que quatre angles droits.* — (Cette proposition suppose que, dans l'angle polyèdre, il n'y a pas d'angle dièdre rentrant, c'est-à-dire, que l'ouverture de tous les angles formés par deux plans adjacents à une même arête est tournée vers l'intérieur du polyèdre.)

Troisième proposition. — *Si les trois faces qui forment un angle trièdre sont respectivement égales aux trois faces qui en forment un autre, les angles dièdres de l'un seront respectivement égaux aux angles dièdres formés par les faces correspondantes de l'autre, et les angles trièdres seront égaux. De plus, ils pourront être superposés ou ne le pourront pas, suivant que les faces égales sont ou ne sont pas disposées de la même manière. Dans ce dernier cas les angles sont dits* symétriques.

Quatrième proposition. — *Deux angles trièdres sont encore égaux :* — 1° *Quand ils ont deux faces respectivement égales et également inclinées entre elles;* — 2° *quand ils ont une face égale adjacente à deux angles dièdres égaux;* — 3° *quand les angles dièdres égaux de l'un sont respectivement égaux aux angles dièdres de l'autre.*

Cinquième proposition. — *Deux angles polyèdres égaux peuvent se décomposer en angles trièdres égaux, au moyen de plans conduits dans chacun d'eux par les arêtes homologues.*

Sixième proposition. — *Deux angles polyèdres composés d'un même nombre d'angles trièdres égaux et semblablement placés sont égaux.*

NOTE SEPTIÈME.

Sur la similitude des Polyèdres.

53* La similitude des polyèdres donne lieu à un certain nombre de propositions que nous avons supprimées à dessein dans notre Traité de Géométrie. Nous allons donner ici l'énoncé de plusieurs de ces propositions, laissant au lecteur, comme pour les propositions renfermées dans les notes précédentes, le soin d'en chercher les démonstrations, ou de les emprunter à quelque autre Traité, si le but de ses études en exigeait la connaissance. Nous rappellerons de plus quelques propositions que nous avons démontrées dans le chapitre XV, de manière à présenter sous un même coup-d'œil tout ce qui est relatif aux polyèdres semblables.

54* 1° Définition *de deux polyèdres semblables; des faces homologues; des points; des lignes homologues* (407.).

55* 2° Nous avons vu que le polyèdre le plus simple est celui qui est composé de quatre faces seulement, et qu'on l'appelle *tétraèdre* ou *pyramide triangulaire*. Or, de même que pour étudier les propriétés des figures polygonales planes semblables, on étudie d'abord celle des triangles semblables; de même, pour étudier les propriétés des polyèdres semblables, il est naturel de commencer par les tétraèdres. Voici quatre propositions qui expriment autant de cas de similitude de ces espèces de volumes.

Première proposition. — *Deux pyramides triangulaires sont semblables quand elles ont trois angles solides respectivement égaux.*

Deuxième proposition. — *Deux pyramides triangulaires sont semblables lorsque leurs faces sont semblables et semblablement disposées.*

Troisième proposition. — *Deux pyramides triangulaires sont semblables lorsqu'elles ont un angle solide égal compris entre trois arêtes proportionnelles et semblablement disposées.*

Quatrième proposition. — *Deux pyramides triangulaires sont semblables lorsqu'elles ont un angle dièdre égal compris entre deux faces semblables et semblablement disposées.*

56* 3° De ces cas de similitude des pyramides triangulaires on peut passer aux pyramides polygonales : Voici deux propositions à cet égard.

Première proposition. — *Deux pyramides polygonales semblables peuvent être décomposées en un même nombre de pyramides triangulaires semblables chacune à chacune et semblablement disposées.*

Deuxième proposition. — *Deux pyramides polygonales sont semblables lorsqu'elles sont composées d'un même nombre de pyramides triangulaires semblables et semblablement disposées.*

57* 4° Puis on passe aux polyèdres quelconques et l'on établit ces deux propositions.

Première proposition. — *Deux polyèdres semblables peuvent être décomposés en un même nombre de pyramides triangulaires semblables et semblablement disposées.*

Deuxième proposition. — *Deux polyèdres sont semblables quand ils sont composés d'un même nombre de pyramides triangulaires semblables et semblablement disposées.*

58* Ces différents cas de similitude établis, on passe aux relations qui existent entre les lignes, les surfaces et les volumes des polyèdres, à savoir :

Première proposition. — *Dans deux polyèdres semblables toutes les arêtes de l'un sont respectivement proportionnelles aux arêtes de l'autre; il en est de même des diagonales semblablement placées dans les faces semblables, des perpendiculaires abaissées des angles homologues sur les plans de deux faces homologues, et, en général, à toutes les lignes homologues dans les deux polyèdres* (409.).

Deuxième proposition. — *Les surfaces des polyèdres semblables sont entre elles comme les carrés des mêmes lignes* (411.).

Troisième proposition. — *Les volumes de deux polyèdres semblables sont entre eux comme les carrés des mêmes lignes* (412.). (On démontre cette proposition d'abord pour les pyramides triangulaires, pour les pyramides quelconques, puis enfin pour tous les polyèdres semblables).

TABLE DES MATIÈRES. *

Pages

NOTES.

* Nous nous bornons à donner ici une Table des chapitres : une Table des matières développée comme celles de l'Arithmétique et de l'Algèbre, eût été très-étendue et n'eût été, du reste, que la reproduction des définitions, des propositions, des corollaires et des problèmes énoncés dans notre Traité. Nous engageons ceux qui étudieront notre livre, à faire cette Table. Ce Travail contribuera à leur donner une idée plus nette et plus complète de l'ensemble et des détails des matières qui font l'objet de ce Traité.

FIN DE LA TABLE DE LA GÉOMÉTRIE.

Bordeaux, Imprimerie de G.-M. DE MOULINS, rue Montméjan, 7.

ERRATA DU TEXTE.

Page 3, ligne 28, après *fois*, ajoutez : *trois fois*, *par exemple*.
Page 6, ligne 23, au lieu de : *On place l'une sur chaque côté*, lisez : *deux sont placées sur les côtés*.
Page 9, ligne 10, au lieu de : (17.), lisez : (25.).
Page 11, ligne 2, au lieu de : (26.), lisez : (29.).
Page 11, ligne 21, au lieu de : (11.), lisez : (26.).
Page 12, ligne 33, au lieu de : BC, lisez : AC.
Page 29, ligne 27, au lieu de : *le triangle*, lisez : *l'angle*.
Page 30, ligne 2, au lieu de : *Note* n° 4, lisez : *Note* 1re n° 4*.
Page 32, ligne 15, au lieu de : *un point tel*, X, *que*, lisez : *un point* X *tel que*.
Page 35, ligne 34, au lieu de : (80.), lisez : (89.).
Page 47, ligne 2, au lieu de : (*fig.* 75), lisez : (*fig.* 76).
Page 55, ligne 32, au lieu de : ADBS, lisez : ADES.
Page 57, ligne 25, au lieu de : *n*° 145, lisez : *n*° 146.
Page 69, ligne 11, au lieu de : 000, lisez : 230.
Page 73, ligne 21, au lieu de : AD, CB, lisez : AC, BD.
Page 83, ligne 21, au lieu de : *n*° 21, lisez : *n*° 22*.
Page 98, ligne 16, au lieu de : (237.), lisez : (128.).
Page 110, ligne 1, au lieu de : (297.), lisez : (287.)
Page 112, lignes 21 et 26, au lieu de : (*fig.* 151 *bis*), lisez : (*fig.* 152 *bis*).
Page 115, ligne 4, au lieu de : (311.), lisez : (315.).
Page 130, ligne 13, au lieu de : *n*os 47*, 47* *bis*, 48, lisez : 49*.
Page 136, ligne 26, au lieu de : TVX, lisez : TVY.
Page 150, lignes 16, 17, 18, au lieu de : $\pi \times$ RG, $\pi \times$ R'G', lisez : πR $\times$ G, πR' $\times$ G'.
Page 152, ligne 9, au lieu de : 245, lisez : 345.
Page 154, ligne 13, au lieu de : 245, lisez : 345.
Page 154, ligne 21, au lieu de : ABCDE, lisez : ABCD.
Page 159, ligne 11, au lieu de : γ, lisez : δ.
Page 164, ligne 14, au lieu de : *le produit de la moitié de sa surface*, lisez *le produit de sa surface*.
Page 164, ligne 18, au lieu de : *par l'apothème*, lisez : *le tiers de l'apothème*.
Page 164, lignes 37, 39, 42, au lieu de : *polygones*, lisez : *demi-polygones*.
Page 168, ligne 1, au lieu de : 344, lisez : 47*.

ERRATA DES PLANCHES.

Figure 5. — Dans quelques exemplaires, supprimer une des divisions de la ligne EB.

Figure 24. — A droite et à gauche de la figure placer les lettres V et V'.

Figure 29, n° 1. — Remplacer la lettre E, placée à l'intersection des lignes AB et EF pour la lettre R.

Figure 49 *bis*. — Remplacer les lettres R, R', S, S', par *r*, *r'*, *s*, *s'*.

Figure 72. — Mettre I à la place de H, et H à la place de I. De plus, aux deux extrémités d'une des divisions d'une des traversales horizontales, mettre les lettres M et N.

Figure 77. — Dans quelques exemplaires, mettre B au lieu de C et C au lieu de B.

Figure 113. — Rapprocher les lettres *m* et *n* des lignes BC, DC.

Figure 143. — Mettre les quatre lettres R, S, T, U, autour de l'encadrement rectangulaire représenté par la figure, et de plus, au lieu des lettres B et *b*, mettre les lettres M et *m*.

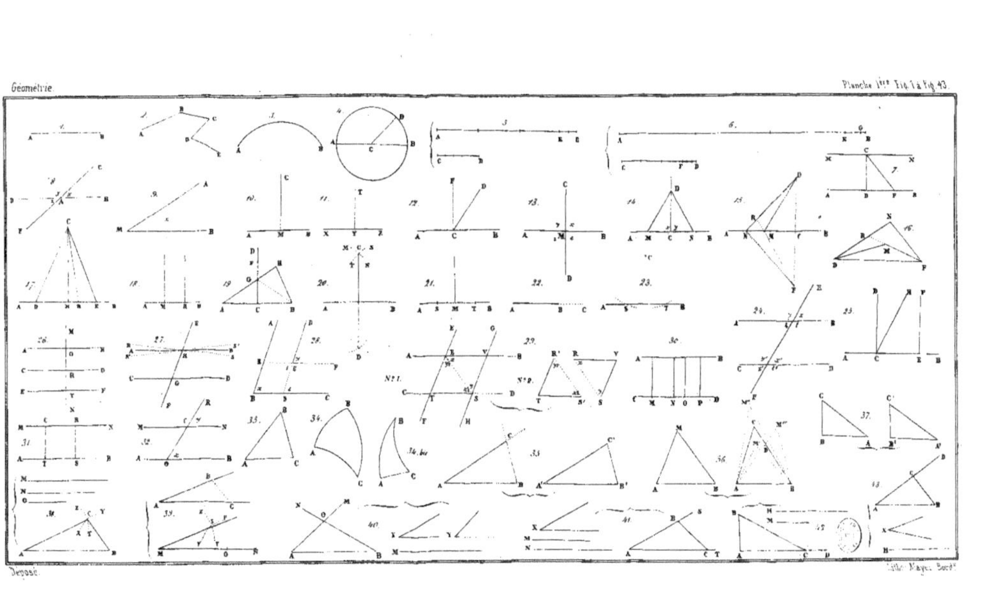
Géométrie
Planche 1re Fig. 1 à Fig. 43.
Déposé

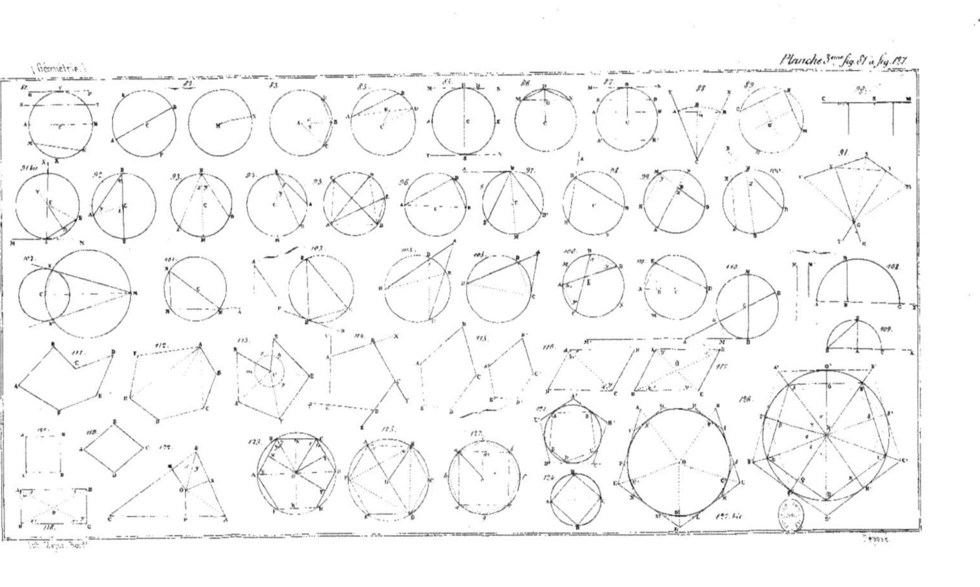
(Géométrie.)
Planche 3ème fig. 81 à fig. 127.

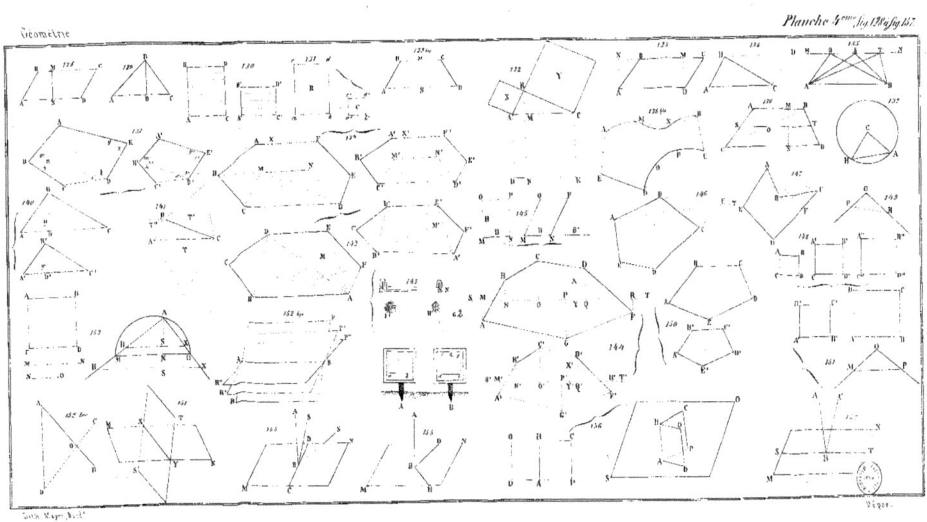
Géométrie
Planche 4ème fig. 128 à fig. 157

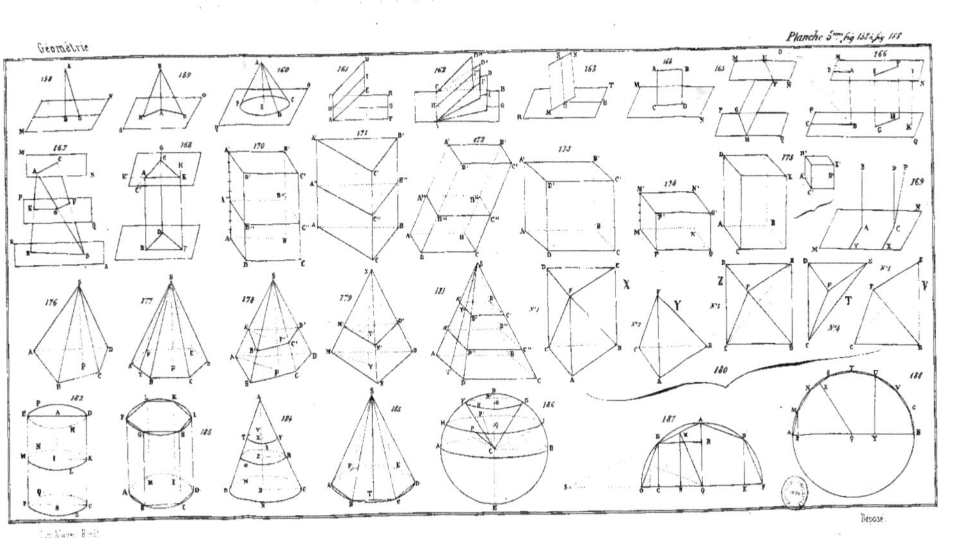
Géométrie
Planche 5me fig. 158 à fig. 188
Déposé

Planche 6me fig. 189 à fig. 215.

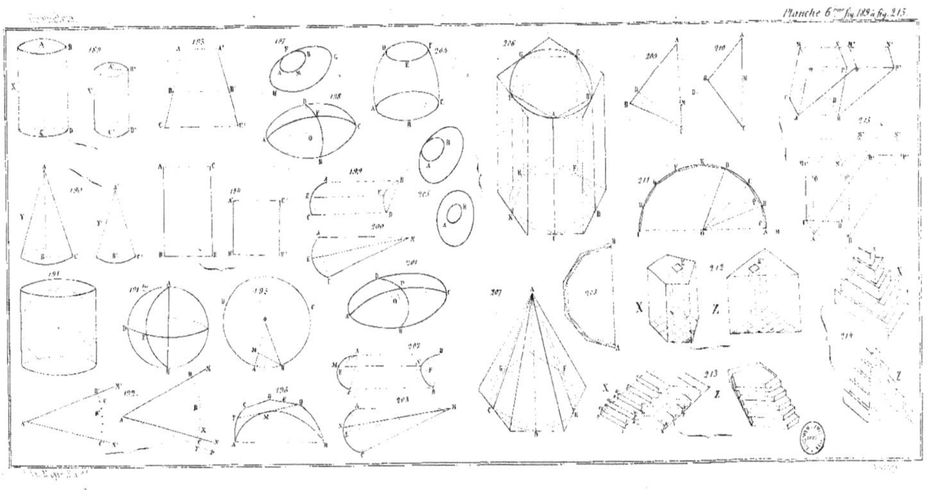

Ouvrage du même Auteur.

INSTITUTIONES PHILOSOPHICÆ AD USUM SEMINARIORUM, 3 vol. in-12. Prix 7 fr., et 6 fr. 50 c. pris par douzaine.

On trouve à la même Librairie :

CONVERSION d'HERMANN COHEN, Père Augustin-Marie du Très-Saint-Sacrement, carme-déchaussé, publié par M...; 1 vol. in-18 de 108 pages. Prix net : 75 c. — Cet ouvrage se vend au profit de la Maison des Carmes de Carcassonne.

DU PROTESTANTISME et de toutes les hérésies dans leur rapport avec le Socialisme, précédé de l'Examen d'un écrit de M. Guizot, par Auguste Nicolas, auteur des Études philosophiques sur le Christianisme; 1 vol. in-8 de 614 pages. Prix net : 7 fr. 50 c.

MANUEL DE CHARITÉ, par M. l'abbé Isidore Mullois, prédicateur de la Maison des hautes études ecclésiastiques des Carmes, auteur du livre des Classes ouvrières; 1 vol. in-12 de 587 pages, quatrième édition. Prix net : 1 fr. 50 c.

L'ANNÉE PIEUSE, ou les douze mois consacrés à une dévotion particulière, et suivis d'un exercice pour la messe, d'un petit office et de litanies, avec vêpres et complies; ouvrage recueilli de divers auteurs orthodoxes, et revu par M. le Supérieur du Séminaire d'Amiens, par P. Ligny; 3 vol. in-18. Prix net : 3 fr.

ESPRIT DES SAINTS ILLUSTRES, auteurs ascétiques et moralistes non compris au nombre des Pères et Docteurs de l'Église, avec notices biographiques, appréciations littéraires, remarques critiques, notes explicatives, documents scientifiques, épitaphes, monuments, etc., etc.; approuvé par Monseigneur l'Archevêque de Toulouse, recueilli par M. l'abbé L. Grimes, P. P.; 6 vol. in-8. Prix net : 20 fr.

MANUEL DU PIEUX ENFANT DE MARIE, ou recueil de pratiques de piété en l'honneur de la Très-Sainte-Vierge, par l'abbé Mallet, curé de Brétoncelles; approuvé par Monseigneur l'Évêque de Séez; 1 vol. in-18 de 630 pages. Prix net : 1 fr. 25 c.

GRANDEURS ET HUMILIATIONS DE JÉSUS-CHRIST DANS LA SAINTE-EUCHARISTIE, ou pieux entretiens, par Monseigneur Antoine Godeau, Évêque de Vence; 1 vol. in-18 de XV-308 pages. Prix : 1 fr. 25 c.

COURS PRATIQUE DE STYLE ÉPISTOLAIRE, précédé d'une Introduction théorique, à l'usage des jeunes demoiselles, par P.-A. Béduchaud, professeur gradué de belles-lettres, de mathématiques et de navigation, instituteur du degré supérieur, ex-sous-inspecteur des Écoles; 1 vol. in-12. Prix : 2 fr.

Pour paraître prochainement :

LE CHRIST MÉDIATEUR, synthèse universelle, par M. l'abbé G. de B.

Bordeaux, Imprimerie de G.-M. DE MOULINS, rue Montméjan, 7.

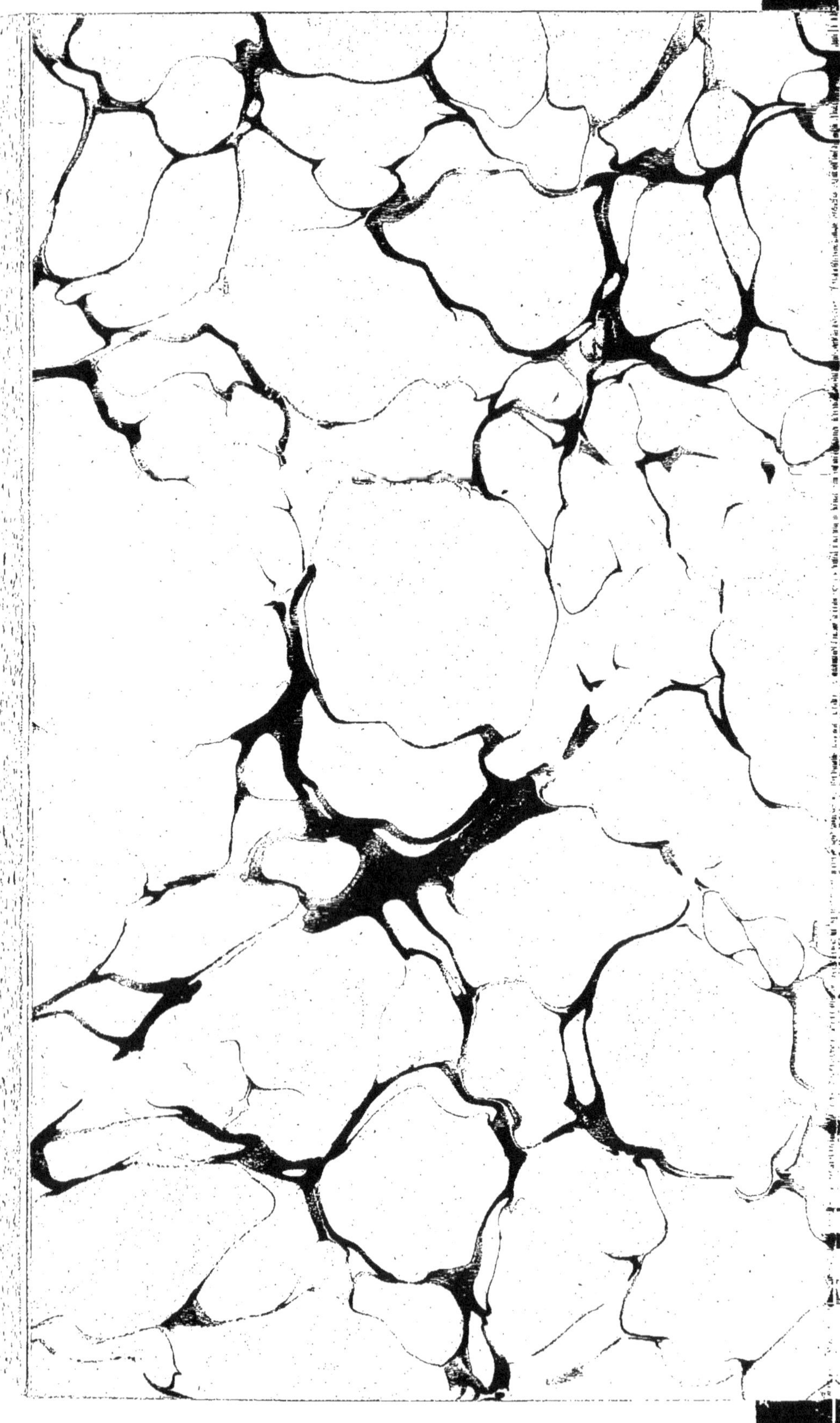

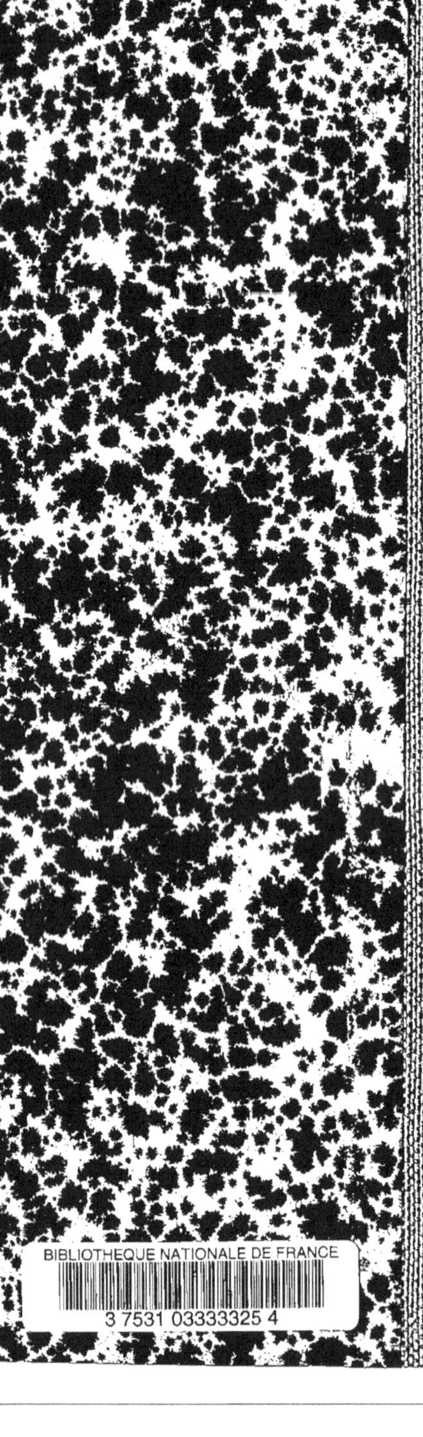

www.ingramcontent.com/pod-product-compliance
Lightning Source LLC
Chambersburg PA
CBHW060538210326
41519CB00014B/3261

* 9 7 8 2 0 1 9 5 5 0 9 5 0 *